むらと原発

窪川原発計画をもみ消した四万十の人びと

猪瀬浩平
Kohei INOSE

農文協

むらと原発　窪川原発計画をもみ消した四万十の人びと——目次

序章　ムラ、むら、邑

第一章　窪川原発騒動の顛末

第二章　窪川のむらざとにて——人びとの生業

第四章　邑の象徴——野坂静雄とその精神の遍歴

第五章　原発計画をもみ合う、原発計画をもみ消す

結びとして

序章　ムラ、むら、邑

邑というからには川があった
河口があって　当然海があった
命たちはそこから陸に上がっていた
命には花が咲くのだった
そういえば二十世紀なんてのにも
花がありましたっけ
つかの間でしたけれども

石牟礼道子「さびしがりやの怨霊たち」
『祖さまの草の邑』（思潮社）より

問いの所在

本書は、むらについての本である。

２０１１年３月11日に発生した東日本大震災とそれによって起こされた東京電力の原発事故は、この世界を揺るがした。揺るがし方、揺らぎ方は必ずしも一様ではない。むらをめぐる議論における一つの大きな変化は、「原子力ムラ」という言葉が人口に膾炙(かいしゃ)するようになったことである。

原子力ムラとは何か。原発事故後に颯爽と論壇に登場した社会学者開沼博は、原子力ムラとは、「地方の側にある原発及び関連施設を抱える地域」と、「中央の側にある閉鎖的・保守的な原子力行政」の二つの意味があるとする［開沼　２０１１、13］。２０１１年３月11日以降、特に後者の意味において、「原子力ムラ」は頻繁に語られるようになった。

本書で私が議論したいのは、「原子力ムラ」という言葉を使うときに、私たちをいつの間にか捉えている「ムラ」への否定的な眼差しについてである。たとえば、開沼は、二つの原子力ムラについて、次のように言葉をつなげていく。

二つの「原子力ムラ」は原子力という極めて近代的なものを扱っているように見えて、実は極めて前近代的な存在である。ちょうど、食べる前のモナカのきれいな皮（近代）が表面に見えていても、実際食べてみるとそれは皮の奥にあった餡子（前近代）の味がするように、皮相的でもろい近代性が極めて強固な前近代性の上に成り立っているあり様。［開沼　２０１１、14］

開沼にとって、原子力の科学技術的側面は表面で目立つ薄皮にすぎず、表に出ず、一部の利害によって諸々を決定する「官・産・学複合体」が握っているとされる。その閉鎖性・保守性、そして前近代的な側面が、「ムラ」という言葉で表現される。

一方、原子力技術者として「官・産・学複合体」の実情に接しながら、後に脱原発に向けた発言を積極的に行なっている飯田哲也も東京電力の原発事故の後に次のように語る。

事故や不祥事が繰り返されるたび、国民は原発に一抹の不安を抱いた。それに応えるように、電力会社の経営陣は深々と頭を下げ、関係閣僚は「遺憾の意」を表明し、所管官庁は「再発防止の徹底」を宣言した。

だが、いずれの立場にも共通するのは、「それでも原発は安全だ」と言い張ることだ。政官学業、それにマスコミも加担して国民の不安をかき消し、妄想のような〝安全神話〟をつくり上げた。さらに反省もしないままに事故を繰り返し、妄想を上塗りする。彼らは一種の〝ムラ〟を形成し、国民を欺く一方でお互いにもちつもたれつの関係を保ってきたのである。［飯田　2011、10］

飯田にとって、「ムラ」は広く人びとに開かれたものではなく、一部の既得権益層が非民主的なプロセスで独占的・独善的に政策の決定を行なうものである。そして決定された政策が正しいことであることを盛んに喧伝する一方で、批判の回路を封じていく。ここでも、ムラは閉鎖的・保守的で、そこに属していない人びとに妄想を抱かせる存在となっている。

ここで重要な論点は、開沼も飯田も現実のムラを語っていない点である。

飯田は、宮台真司とともに、原子力ムラから脱却する論理として、〈市場〉や〈国家〉などの〈システム〉に過剰に依存することなく、人びとが暮らしを守る論理として「共同体自治」を提示する［宮台、飯田　２０１１］。しかし、〈共同体自治〉という言葉は、必ずしも実体的ではない。その茫洋とした言葉に肉づけを与えるのであれば、現実にあるムラの中で考察するしかない、と私は考える。

一方、自身の本の副題に「原子力ムラはなぜ生まれたのか」を掲げた開沼においても、実はムラが何をさすのか明確ではない。開沼は、中央（「ナショナル・レベルの政・官・産・学・マスメディア・反対運動」）―地方（「県行政、地方財界、地方マスメディア」）―ムラという階層的枠組みを設定し、ムラを漠然と「立地地域とその住民」と言い換える［開沼　２０１１、71］。そしてムラは自生的であり、かつ前近代的な存在であるとし、本来自給自足的に成立してきたムラが戦時体制と、それに引き継ぐ戦後の経済成長体制のなかで、国家の体系に取り込まれたとする。自生的であったはずのムラが、一気に国家の体系に取り込まれてしまう、そのあまりにもシンプルな図式には注意が必要である。開沼は、「ムラにとってよきものであるか否か」をコミュニケーションの根幹におくなかで、ムラが結果として中央が推進する原発を積極的に受け入れてしまうメカニズムを描いていく［開沼　２０１１、２０４-２０５］。しかし、「立地地域とその住民」が、ムラを愛するがゆえに原発をよきものと思わない可能性については、ほとんどふれられない。またムラを愛しながら、その土地を去って行った／去らざるを得なかった人たちのことは対象にされず、ムラに暮らし続ける人たちだけに光が当てられる。その結果、ムラは閉鎖的で、前近代的であるとするイメージが強化されていく。この本では現実のムラについての考察はほとんど行なわれず、開沼が設定した階層的枠組みを内破させせないエピソードで議論は展開されていく。シンプルに言ってしまえば、この本はムラについての本ではない。

開沼や飯田、そして彼らの議論を流通させる人びとが自身の批判の対象に対して、何のためらいもなく「ムラ」という言葉で語ってしまうことに、私は一人苛立つ。(1)

本書でたびたび参照する守田志郎は、次のように語る。

日本で部落について語られる機会はけっして少なくない。その語られる言葉の意味するところの大部分は、部落を否定的にしか扱うことのできない角度から発せられていることは明瞭であろう。[守田2003、17]

日本の部落を共同体としてとらえるときに、それが日本の農民の幸福と繁栄に、そして日本の社会の成長にとって、本質的に阻止的な要因にしかならないということを、体験的にせよ、そしてできうれば理論的に確認したうえでのことだろうか、ということになれば、私には、その答えを否というかたちでしか用意することができない。

水利用における部落的な規制、その他の農業生産上の規制関係、集団栽培や協業経営などの新しい組織的方向への制約性、生活における部落的規制、あるいは村八分、あるいは合議制、こういった部落のもっている特性をとりあげて連ねていくことによって、部落のもつ共同体的な性格が浮き彫りにされるというわけで、その結果これらのすべてが農民の生産と生活にとっての阻止要因であり、ひいては日本の社会発展にとって阻止的である……、したがって、このような部落は、早く「終局的な崩壊」に導くべくあるのだ、という論理がこれら諸論に共通しているのである。

だが、この一見筋の通った論理は私には逆に読めてしかたがないのである。すなわち日本の部落は、これこのように阻止的であるがゆえに終局的崩壊に導かるべくあるというのではなく、その真実の思考過程においては、部落は終局的に崩壊すべくあるものであり、そのように崩壊すべき運命にある部落のもつこれこれの特徴は阻止的であること自明なり、というぐあいに。一口に言えば、それは、封建制解体後の社会、つまり今日の日本にあっては部落は悪であるとする既成の概念のなせるわざなのである。［守田　２００３、22-23］

「原子力ムラ」という言葉で、原子力発電を推進する国策共同体の閉鎖性・保守性を表現する思考は、まさにムラという存在を否定的にしか扱うことしかできない。それゆえ、開沼のいう原子力ムラの一つ目の意味においても、ムラは国策共同体に同調するべきものとしてしか設定されない。原子力発電を拒否する住民の運動があれば、それはもはやムラに内在する運動ではなく、自立した個人が構成する民主的な〈共同体〉がなすものとなる(2)。

ここで欠落しているのは、ムラがムラとして機能しながら、国策共同体を拒絶することはないのか、という問いである。同時に、国策共同体に対峙する自立した個人の〈共同体〉が本当に存在しているのかという問いも欠落している。たとえば、開沼は、ある議題に関する賛成／反対という二値コードによるコミュニケーションが、原子力ムラ（原発立地地域とその住民）における原子力の議論ではすでに成立していないとする［開沼　２０１１、１２０-１２１］。しかし、この二値コードによるコミュニケーションが、果たして原子力ムラにおける原子力以外の議論や、原子力ムラの外に存在しないのかは問われていない。より重要なのは、二値コードによるコミュニケーションが成立しないことが、そもそも否定されるべきものかということだ。

本書は、原発をめぐる議論において欠落したこれらの問いに向き合うものである。

原発事故後の窪川にて：ムラに流着すること、ムラに土着すること

本書は窪川という、原発建設計画が持ち込まれて、賛成と反対とに分かれた人びとによる長い争議の後に、最終的に計画を白紙撤回させた町のことを語る。第一次産業を中心としたムラづくりが考えられていた町に、国や県、電力会社によって構成される国策共同体が原発計画を持ち込む。町民たちは、推進と反対のいずれかの立場であることを表明するように迫られる。立場を表明することは、自分と立場の違う人びとと表だって対立することを意味する。さらに立場を表明するにしろ、表明しないにしろ、自身の内側に大きな葛藤をもたらすこともある。窪川に生きてきた人びとにとって本意ではない形で持ち込まれた計画であり、騒動であった点をふまえて、本書はこの一連の出来事をあえて「原発騒動」と呼ぶ。

しかし、本書は原発騒動の期間にのみ光を当てるのではなく、原発騒動の遥かに前から、さまざまな問題に直面し、格闘し続け、そして原発騒動に終止符を打った後も格闘し続けている地域の人びとの歴史を語る。そのことによって、窪川のムラが如何に原発とも向き合ったのかその意味を切り取ることができる、と考える。ここでいうムラとは、先祖代々住み続けてきた安定的な存在ではなく、さまざまな理由で人が流入・流出しながら、そこに土着しようとする人びとによって形成されていく存在である。

2011年の東京電力福島第一原子力発電所の事故は、窪川の原発騒動の意味も大きく変えた。

窪川の原発騒動は1980年に計画が明るみに出てから、受け入れの是非をめぐって活発な争議が行なわれ、町長リコールからの出直し選挙を含む3回の町長選挙、2回の町議会選挙、そしてチェルノブ

イリ原発事故などをはさみながら1988年6月に原発論議の終結が窪川町議会で決議されることで終息する。しかしその後も、原発を受け入れなかったことが地域経済の衰退を引き起こした、原発を受け入れていれば町はもっと豊かになっていたのではないかという声は、確実に存在していた。

その空気を原発事故は一掃した。熱心な推進派すら、あのとき原発を受け入れなくてよかった、と反対派の人びとに語ったという[3]。原発を受け入れなかったことは、完全なる正しさを手に入れた。そして、窪川は原発を止めた町として全国に注目されるようになった。放射能に汚染された地域から、窪川には相当の距離がある。東北産の農産物や水産物はほとんど出回らないため、食品の選択にあたってジレンマを抱えることも少ない。窪川からの避難を考える人もほぼ皆無である。窪川は複数の意味で、原発事故に対し安全な距離を取れる位置にあった。それはまた、自らの住む場所にとどまるか、とどまらないかを思い悩む人たちや、今食べている食品が自分の命を脅かしているのではないかと疑わざる得ない人たちとの間に、大きな亀裂が生まれていたとも言える。

私が初めて窪川を訪問したのは、2011年8月のことだ。窪川の反原発運動に、原発事故後の世界を生きるための知恵を学ぼうという思いからの訪問だった。結果として、明示的な知恵は手に入らなかった。

最初の旅の同行者の中に、東京電力福島第一原発から70㎞圏内で稲作を行なう農家の後継者がいた。訪問した一団は本書の主人公の一人である島岡幹夫の家に3日間にわたり居候しながら、窪川原発反対運動に関わる人びとの話を聞き、またかつての原発予定地を回った。その間、彼は暇を見て島岡家の稲刈り作業を手伝っていた。島岡家の稲刈りは、彼の家の稲刈りよりおよそ半月以上も早かった。気候の影響とともに、原発事故の影響によって、彼の故郷では集落ごとに行なわれる玄米の放射能検査の結果が出るまで、出荷自粛を迫られていた。

彼が島岡に会いに行こうと思ったのは、原発阻止運動に興味をもったことではない。放射性物質の問題を如何に認識し、放射線の被曝から如何に身を守るべきかを、農業者として反原発運動を行なってきた島岡に聞きたかったからだ。

彼は窪川で島岡と時間を過ごしながら、島岡から期待した答えは返ってこないことに気づいた。島岡は放射能汚染を回避するために反原発運動をしたのであり、実際に原発事故が起きてしまった後に何をするべきかの言葉はもっていない。彼は窪川の美しい森や農地や川や海などの自然の恵みを目の当たりにして、放射能物質によりそのように美しいと感じられなくなった故郷を思い、窪川を羨ましいと感じるとともに、そのように故郷のことを感じられなくなったことが、無性に悔しかった。

滞在中最後の作業が終わった後の田んぼで、彼は島岡に問いかけた。

「僕は地元が放射能に汚染されていても、そこを捨てるつもりはありません。もし窪川が僕の地元と同じ状況になったら、島岡さんはどうしますか？」。

島岡はしばらく沈黙した。放射能の危険性を長年にわたって説いていた島岡は、東北地方で農業をすることには否定的だった。除染ではなく移住が重要であり、窪川町での東北の農業者の受け入れも検討していた。

沈黙の後に島岡の口から出たのは、それまでの島岡が語っていたことと一見大きく矛盾する言葉だった。

「もし窪川が放射能で汚染されたとしても、おまえと同じように、自分も故郷を見捨てたりはしない。自分ができることを必死に考え、死ぬ気になって行動する。おまえは俺よりもずっと若い。故郷で、死ぬほど考えてがむしゃらに行動しろ」。

滞在最後の日の夜に催された交流会で、青年は滞在の感想を次のように語った。

島岡さんの家の稲を刈りながら、僕は毎年稲を刈り、自分のつくったコメを消費者のみなさんに喜んで食べてもらう、そういう暮らしを続けていきたいと思いました。

島岡さんと会って、地元に生きていくことを真剣に考え始めました。大切なのは、どんな状況でも楽しく生きることだと思います。絶望する必要はないと思うし、絶望していたって、毎日毎日絶望していたくない。四季は変わるし。稲刈りをする。雪は降るし。春はやってくる。そんな中で、変わらないことを続けていく。変わらない生活を守っていくことが大事です。それを脅かすものに対して闘うことを学びました。

窪川原発を止めたということは、そういうことだと思います。

僕は故郷の宮城県でコメをつくります。自己満足ではなく、農業をやります。農家というのは誰かのために、食物を育てて、その人たちの命を担う担い手。食糧の担い手ではなく、命の担い手。だから命を脅かすものは生産できない。それが大前提です。それを大前提として生きていくしかないと思っています。怒るではなく、そこから出発するしかありません。

放射能汚染に対して一定の距離を保ちながら、たとえば東京電力や政府の対応の問題を指摘し、その問題の解決を語る人びとがいる。彼らの言葉は投げかけた相手には応答されず、両者の距離は縮まらない。それに対して青年は、理不尽な形で始まった放射能汚染にさらされ続けている故郷の受け入れがたい現実を押し返そうと、「毎日絶望していたくない」「どんな状況でも楽しく生きる」と言葉をつむいでいく。島岡幹夫はじっとうなずきながら、妻の和子は目に涙をためながら、彼の言葉に耳を傾けていた。彼の搾り出す言葉は、窪川に突如として原発騒動が舞い込んできた頃、原発推進派に押されるなかで窪川の町にいづらさを感じていた頃、そして原発をはねのけても町の衰退の元凶とされていた頃、つまり島岡自身が窪川という場所に対していたたまれなさを感じつつ、それでもそこに居座ろうとした記憶を呼びさます。事実、島岡自身も、かつて原発騒動の渦中に窪川の地から流亡する可能性をもっていたのだ。

原発事故によって、逆説的に窪川の原発をめぐる議論は二度目の終結をした。それは一方で、放射能に汚染されてしまった土地で生きようとする東北の農民との間に、土地で農業を続けることをめぐる意識の亀裂が生まれる危険を伴っていた。そんなときに、島岡と青年は出会う。そして放射能と農業は相容れないという考えで進められた島岡の反原発運動と、放射能汚染にさらされながら農業をすることを決断する青年の表面上の違いにかかわらず、「変わらない生活を守っていくこと」「それを脅かすものに対して闘う」において共通する構造が見出された。原発を止めた町の話を聞きに来た私は、生産と生活の営みの場所をここと決めた窪川の農民が、生産と生活の営みの場所をここと決める東北の若い農民と出会い、共感しあう場面と出会う[(4)]。まったく異質で、その間には緊張関係すらはらまれているように思える人びとが、流亡していく先で、あるいは流亡する最中で見出したムラと己の関係のあり方において、お互いに共通する構造を確認していく。

そのあまりにも柔軟な思考に、私はこの旅で出会った。そして、私の窪川もうでが始まった。

原発推進――反対の二分法を越えていく論理

何度目に窪川を訪ねたときだろうか、私は2005年に刊行された『窪川町史』を手にした。総ページ1100頁に及ぶこの町史は、歴史に関心をもつ住民や町の職員など13人の編集委員会によって7年の歳月をかけて刊行された。編集委員会には、大学に所属する研究者は一人も含まれていない。住民と町の職員の手によって、「自然」「考古・古代・中世」「近世」「近代化への道」「戦後の復興から平成の時代へ」「社会と生活」「民俗・文化」など、多岐にわたる内容が編まれ、本書の関心でもある原発騒動や中南米移民、農林水産業の変遷なども、詳細にまとめられている(5)。

町史の編纂過程に関心をもち、島岡幹夫の案内で編集委員長である林一将を尋ねた。編集過程を一通り聞くなかで、島岡も会話に加わり、話は広がっていった。二人の会話は、島岡の呼びかけで2004年に設立された森林保全ボランティアグループ「朝霧森林倶楽部」に及んだ。当時、窪川町議会議員だった林は、島岡の呼びかけに応答し立ち上げに参加した。窪川町議会議員の中で、町民の力で森林の保全を行なおうという島岡の呼びかけに応答したのは、林ともう一人だけだったという。気さくに話し合っている姿を見て、町のありようについて肝胆相照らす仲であると考えた。そして、二人は原発反対運動の同志と勝手に想像した。

しかし、島岡と林の会話は意外な事実を明らかにした。林は原発騒動当時、原発誘致の中心組織である「窪川町を明るく豊かにする会（略称明豊会）」の事務局長であったと言う。今、森林保全のために活動し、一次産業にも理解のあるあなたが、なぜ原発を推進したのですかと聞くと、林は原発を誘致することで得られる国からの補助金で農業の振興を図りたかったのだと語った。片や推進側の事務局長として、片や反対側の「郷土をよくする会」の「常幹（常任幹事）」として組織の中枢の立場で、8年に及ぶ原発騒動を敵と味方に分かれて闘っていた二人が、気さくに語り合う事態が、推進側、反対側それぞれに相容れないものがあると考えていた私には、よく理解できなかった。

それだけにとどまらない。町長として原発を推進した藤戸進と、骨肉の争いを演じた島岡幹夫の和解すら耳にすることとなる。話は次のように物語られる。以下、島岡の息子である愛直の文章を引用する。

原発誘致で長い間戦った元町長のフジトのおんちゃんが県議選の応援を親父に頼んで来た。今までおんちゃんを支持してきた人達は高齢のおんちゃんに引退を勧め新しい候補の応援に廻り、おんちゃんは困って親父に頼んできたようだった。

元々親戚で、原発問題で敵味方に分かれたが、フジトのおんちゃんは何故か憎めない人だった。町長をリコールされた時だか何だかのインタビューでも「気持ち……？　まぁあんまり気持ちのええもんじゃ無いわねぇ」とどっかユニークに答えていた。

親父がフジトのおんちゃんの選挙カーに乗る。

これには今まで親父を支持してくれた人達からも激しい反発があった。「おまんくの親父は何考えちゅうや？」

親父はどこ吹く風だった。

長い間骨肉の争いを続けた二人が選挙カーの中でどんな話をして盛り上がったか。想像しただけでワクワクする。(6)

1988年1月に窪川町長の職を辞した藤戸は、1991年から自民党公認として高岡郡選出の高知県議会議員を2期務める。しかし1999年の県議選は、窪川を地盤にする新人候補が2名立候補し、そのうちの1名が自民党公認となる。そのため、票が分散して、立候補者6名（定員4名）のうち70歳という最高齢の藤戸は厳しい情勢にあった。選挙カーに乗る人も集まらないなかで、藤戸は妻とともに島岡の元を訪ねた。選挙応援を要請する藤戸に対して、島岡はしばらく考えた。実家が藤戸と姻戚関係にある、島岡喜久子（島岡和子母、幹夫義母）も藤戸を応援してくれと頼んだ。(7) そして、選挙区である高岡郡のうち窪川町に属さない地域でのみ選挙応援を行なうことを表明する。和子は一部始終を見守り、島岡が藤戸の応援を決めるとほっと息をついたという。骨肉の争いが終わる瞬間だった。(8)

島岡愛直は心を躍らせながら選挙カーの中で、二人が如何なる会話をしたのかを想像する。おなじように、私は林と島岡、藤戸と島岡という原発推進と反対に分かれて激しく争った人びとの関係が編みなおされていく過程に出会い、戸惑い、そしてそのことを生み出す間柄に心を奪われていく。

「邑（むら）」という視座：原発騒動以前への視点

原発誘致という地方政治の争点をめぐって激しく争った人びとが、ともに森林保全ボランティア組織を立ち上げ、相手の選挙応援に走り回るということがなぜ成り立つのか、この問いを考えるためにはいくつかの説明があるだろう。

一つは、推進派も反対派もどちらも愛郷意識をもっていたという説明だ。開沼は原発反対運動の中心人物から、原発増設を国に対して要望する町長に「転向」する元双葉町長岩本忠夫に着目しながら、原発立地してしまった地域（「原子力ムラ」）において、原発推進―反対という対立が次第に大きな意味をもたなくなり、「住民がそこで自らの生き方を貫くことが可能になるか／否か」が重要な対立になるなかで、外部から奇異に見える原発反対の極から推進の極への移動が可能になると説明している［開沼2011、120-130］。開沼の説明に倣えば、窪川では原発立地自治体とは逆の形で、推進—反対という対立が大きな意味をもたなくなり、元々双方が共通してもっていた郷土を愛し、郷土に根ざして生きていくことが露になった、と説明ができるかもしれない。

しかし「愛郷意識」という言葉は、指示対象があまりにも漠然としている。如何に愛郷意識をもつのか、あるいはもたないのかという考察がなければ、「人は自らの暮らす地域に対して愛郷心をもつ。なぜならば、その地域に暮らしているからだ」という同語反復に陥る。また、愛郷意識をもっていたとしても否応なくそこを離れなければならなくなった人びとや、新しくその土地に移ってきた人の存在はほとんど考えられていない[9]。

郷土を愛することの共通性ではなく、むしろ原発推進—反対に限らず、地域には多元的な関係が存在しており、またそれが原発推進—反対という二分法によって完全に整理されたわけではない、と考えるほうがよい。後に窪川町内で原発騒動とほぼ同時期に進んだほ場整備事業を例にみるように、窪川で暮らす人びとは完全に原発推進—反対で二分され尽くされたわけではなく、原発騒動を一時宙吊りにして、区画の図面の引き方や、それぞれの田んぼの位置について延々と寄り合いを続ける関係性が存在していた。また藤戸進と島岡幹夫は親戚関係にある。原発騒動は骨肉の争いをもたらし、家族や親戚関係を傷つけたと語られる。しかしそれが、親戚関係がもともと希薄な都市生活者が想像するような「断絶」をもたらしたのかについては、留保する必要がある[10]。重要なのは、窪川におけるムラのありようを、鳥の目で俯瞰的な視点から予定調和的に捉えるのではなく、できる限り内側に入り込みながら、不調和や非同一的な存在も含めて生々しく描くことだ。

それにあたり、ムラ／村落をめぐる議論が参考になる。1960年代後半から、千葉県農村中堅青年養成所や千葉県立農業大学校の教官を務め、社会教育学者として千葉県をはじめ全国各地の農村を回っている小松光一は、次のようなことを書いている。

村落共同体は支配のしくみになったり抵抗体となったりしながら、歴史を流れ、部落のひとびとのみんなが参加する生活様式をつづけてきたのである。

住民運動が、サークル的次元にとどまらず、町内会ぐるみ、区ぐるみに発展したときの異質な手ごたえの実感は、経験のあるものならだれでも知っているはずなのだ。とすれば、住民自治の運動の必要性の側から共同体をとらえるのでなく、住民自治の組織的基盤として共同体を育んでいくという、徒労ともいえるかもしれない努力をあえてしていかなければならない。［小松　1989、40］

小松は住民運動が村落共同体を合理的に機能させると考えるのではなく、逆に「必ず村ぐるみで行なう」や「順番を守る」という不合理性を含んだ関係性のなかに住民運動を定位しなければならないと語る。これをわれわれの文脈に敷衍するならば、原発推進―反対の対立でムラが覆い尽くされたと考えるのではなく、推進―反対の議論の前から存在するムラのありようを精緻に記述しながら、それが如何に原発騒動の影響を受けた／受けなかったのかを考えることになる。

〝むら〟に息づいている、固有のルールとしての〝みんな主義〟を現代に、たくましく生かしていくダイナミズムが必要であるだろう。そのためにこそ〝むら〟の生産意欲の再生と、くらしと文化の再生を結びつけていく努力にとりくまなければならない。［小松　１９８９、56-57］

以上の小松の指摘は、窪川原発反対運動がなぜ多くの町民を巻き込んで展開されたのかを考えるための手がかりを与えてくれる。小松の語る村落共同体は、都市と農村を往復しながら農家の暮らしを見つめた原田津が指摘するように行政村とは別の存在である。原田は次のように語る。

むらの人々は行政村のことをむらとはいわない。ソンという。ソンは国が上から地割りをして網を打った区分けだが、むらはそこで生活する人々の暮らしの土俵。県市町村を「地方自治体」などというが、ほんとうの自治体はむらだということもできよう。ソンが市に合併して、消えてしまっても、市のなかにむらはある。［原田　１９７５、12-13］

またそれは永遠不変の存在でも、都市によって簡単に壊されてしまうものでもなく、ムラのしきたりややり方に沿って、時流を取り込んでいく。そして中田英樹が岩手県北で農村女性を見つめ続けた一条ふみをめぐる議論で指摘するように、ムラが時流を取り込んでいく過程を予定調和的に捉えるのではなく、内部に緊張関係が幾重にもはらまれたものとして考えることが、窪川のムラの歴史をみる際にも重要である［中田　２０１４、95］。後に私たちは、窪川の農民それぞれの営農の歩みが、あるいは一人ひとりの住民が内側に抱える葛藤が、そしてムラを構成する人びとが生み出してきた運動が、原発騒動を取り込み、そして押しやり、もみ消していく姿を目にするだろう。

緊張感が幾重にもはらまれたものとしてムラをみる視点は、原発騒動がもたらす内部の対立・葛藤を主題化するとともに、原発騒動以前に存在していた対立・葛藤にも私たちの目を向けさせる。

減反政策の未曾有の農業危機の進行のもとで開始された、農民の新たな〈生涯学習〉を理論的に探究しなければならない。

主権者としての農民というとき、それは、単に政治的理論的側面にとどまらず、生産力における主権者としての意味をもつものといえるだろう、それは、農業近代化政策が、ひどく非科学的な技術をもっともらしく農民におしつけてきたことに対するたたかいとしての性格をもっていくことになるだろう。［小松　1989、33］

この小松の言葉は、窪川の農村において減反政策の開始が、原発騒動に先立ち、「未曾有の危機」として訪れていたことを気づかせるとともに、さらにそこから非科学的な技術をもたらすものとしての農業近代化政策に対する闘いが始まっていたかもしれないという想像力を私たちに与えてくれる。2011年の原発事故によって、原発騒動のみが、窪川を襲った危機であると捉えてしまう。しかし、実はそうではない。

私は原発騒動が大ごとではなかったと言いたいのではない。事実、原発騒動は、この町の人たちの人生を大きく変え、それ以前に練られていたさまざまな構想を頓挫させた。原発反対運動によって、さまざまな新しいことが生まれたとしても、それが原発騒動によって失われたものの大きさに比べれば遥に小さいと、運動を経験した人たちの多くが語る。

その一方、原発推進―反対という枠組みを超えて、人びとは生きるためにさまざまな生業を行ない、集落内での協議を行なう。その様態は「原発反対運動」をめぐる議論からは切り落とされていく。しかし、その切り落としてしまったことのなかに、原発騒動の時代を生きた人びとの現実があり、またその8年に及ぶ時間を生き延びる本質がある。原発計画という、外部から押し寄せてきた巨大な圧力のなかで、ムラがどう存在しうるのかを具体的に記述し、問うことが本稿の目的である。原発計画という歴史的文脈において、国策のしわ寄せを引き受けてきたムラとそこに生きる人びとの生の固有性は明瞭に浮かび上がり、そしてそれこそが戦後日本が歩んできた高度成長の矛盾を凝縮した形で現すだろう[11]。

窪川の原発反対運動は、これまで保守と革新が手を組んだことで成功したと語られてきた。しかし、保守と革新は外の人間が思うほど明確には分けられない。政治信条とは別に、地域の関係のなかで保守の候補に投票してきた人もいる。逆に、あの男だからといって、共産党嫌いの人たちからも票を集めて当選してきた革新系町議もいる[12]。窪川の外でつくられた概念で原発反対運動を分析するのではなく、原発騒動の前から続く窪川の人びとの臨機応変な生業戦略と、地域の関係を編み直していく過程に、できるだけ肉薄することが重要である。

戦後農政の激変のなかで、農民たちは自分の土地に根ざしたそれぞれの生産体系を生み出していく。同じように漁民たちも、その土地で生きるための生業の体系を作り出していく。教育や労働をめぐる争議があり、また差別と解放の運動も存在している。窪川に流れてくる人もいれば、窪川の外に流れていく人もいる。原発騒動は、そんな、これまで関わりのなかった、多様なものを結びつけた。それは統合させる力であるとともに、常に分裂の危険と隣り合わせである。実際、団結はほころびを見せたこともあった。しかし、それは最後まで決壊しなかった。その雑多な存在が渾然一体となったつながりによって、原発問題がもみ合われ、そしていつしか終結させられていく。しかしその雑多なもののつながりは、多くの人たちが期待するように明示的に存在するわけでもないし、またそのままずっと存続していくものでもない。

そんな窪川原発騒動のなかで現れた人びとの「雑多なつながり」を、本書は「邑（むら）」という言葉で表す。自然村としてのムラ、伝統的生産・生活の単位としてのムラは「むら」と表し、むらの土着性を基盤にしながら、より開かれた存在につながっていく関係の様態を「邑」という言葉に込める。

邑は、窪川のむらが原発騒動という理不尽な事態に直面するなかで現出し、多様な存在を束の間に結びつける。と同時に、むらの内奥に、その同一性を揺るがす痕跡を見出していく。

本書は、原発騒動終結までの窪川の「むら」と「邑」の歴史を描く。

本書の構成

この本は、以下のような章で構成される。

第一章では、窪川原発騒動の経過を素描する。原発騒動当時を生きた人びとの残した資料や語りが、手がかりになる。現在の時点から原発騒動を振り返り、そこで起きたことを時系列で並べていくという記述スタイルをとる。

第二章では、原発騒動の時期にのみ光を当てる第一章のような記述からもれ落ちる、反対運動に参加した人びとの一人ひとりの生活史に焦点を当てる。すると、多様な生業と生活のありようが現れる。反対運動に参加した人びとを取り上げるが、それぞれの運動への距離の取り方は多様である。彼らの生活史の記述は、運動の論理を強化することもあれば、逆にその論理を宙吊りにしてしまうこともある。そのうえで、原発騒動がやってくる以前から、窪川の農民たちが地域の仕事と暮らしのありようを議論してきた場である「窪川町農村開発整備協議会」に着目し、そこで育まれた思想が、原発計画に対する独自の視点を導いたことを論じる。

第三章では、原発反対運動の中心人物の一人であり、私を窪川に導いた島岡幹夫に登場いただく。今なお饒舌な窪川原発反対運動の語り部である島岡の、その語りの〈余韻〉に耳を澄ませ、そこに反対運動の歴史のなかで周縁化されてきた存在を感じ取る。窪川町に移住してきた人びと、窪川町外から原発反対運動を支援した人びと、原発騒動以前に世を去った人びと、原発騒動の時期を生きた人間以外の生き物たちもが登場することになる。

第四章では、原発反対運動の最大の功労者と言われる野坂静雄の来歴に着目する。郷土をよくする会会長の野坂は農協の組合長や自民党の窪川支部長を務め、彼が反対運動に合流したことが「保守」と「革新」が手を結んだ象徴であると考えられてきた。また窪川の内発的発展を提唱した窪川町農村開発整備協議会会長を務めた野坂が、原発反対運動のリーダーとなることを多くの人は違和感なく理解できる。しかし、本書が注目するのはそれ以前の野坂である。戦中までの浅野セメントのエンジニアとしての野坂、合併後の窪川町役場の幹部を務めた野坂、そして窪川町農業協同組合の組合長を務めた野坂のその遍歴を一つひとつ辿ると、原発反対運動のリーダーとして野坂が立ち上がる理由を探ることは困難になっていく。しかし、その困難のなかにこそ、原発反対運動において雑多な人びとを決壊させない重石となった野坂の存在が濃縮した形で示され、また窪川原発反対運動がつかの間につくり出した共同性のありよう——「邑」——が指し示される。

以上をふまえて、第五章は本書が提示する分析概念である生産・生活の単位としての「むら」と、原発騒動のなかで生まれた異種混淆体としての「邑」が如何に原発計画をもみ合い、そしてもみ消していったのかを分析する。まず、原発騒動とほぼ同じ時期に展開されたほ場整備事業の意味を探る。これまで、むらも推進と反対で完全に二分されたという原発騒動についての説明が、私を含む町外の人びとの多くによって、文字通り鵜呑みにされてきた。しかし、この説明の枠組みでは、なぜ同時期に行なわれたほ場整備事業が竣工までこぎつけたのかが説明できない。さらに言えば、この理解では、すでに書いた島岡と藤戸の和解も、2011年8月の島岡と東北の青年との出会いについても、限定的な理解しかできなくなってしまう。原発計画において、丁寧な対話プロセスの欠如があり、それが人びとの反発を招いた。原発という存在への反発だけではなく、国策として進められる原発を地域にもってこようとするときに陥る決定のプロセスへの反発であり、怒りであった、と本書は理解する。そのうえで、従来のむらを超えて多様な人びととのもみ合いを担保するために「住民投票条例」が構想され、またそれが原発問題を十分にもみ合うことを確保するために、最後まで使われなかったという理解に至る。本当に画期的だったのは住民投票条例を制定したことではなく、制定した住民投票条例を使わなかったということであり、そこに至るまでの反対派、推進派、あるいはそのどちらにも属さなかった人びとの折衝こそが重要であるというのが、本書の主張である。

結びとして、窪川町内の原発予定地でありながら、結局原発騒動の終結までほとんど着目されなかった鶴津地区、その傍らにある戦後の開拓農地、そしてパラグアイ移民の記憶を探り、この本を締めくくる。

《注》

（1）吉岡斉は開沼と飯田らが使う「原子力ムラ」とほぼ同じ意味で、原子力の「国策共同体」という言葉を用いている［吉岡　2011］。その閉鎖性・保守性を批判される対象として「国策共同体」ではなく、「原子力ムラ」が人口に膾炙したことには、開沼や飯田に限らず、ムラが閉鎖的・保守的であることに疑問をもたない雰囲気の存在を表してはいまいか。

（2）このような議論は枚挙に暇がない。たとえば、伊藤守らの巻町住民投票をめぐる議論をみよ［伊藤、ほか　2005］。

（3）反対運動の中心人物の一人である島岡幹夫も、原発事故以降、「あのときに原発をとめてくれてありがとう」という言葉を、町民からたびたび聞いたという。「それまで俺を避けた人が、事故後は途端にニコニコ。その手のひらの返し方に戸惑った。生きている間に評価されるとは思わなかった。やっと分かってもらえたという気持ちの反面何をいまさらという思いもあった」と語っている（「不屈の詩　高知・窪川原発を阻止　島岡幹夫さん」『東京新聞』2015・1・1朝刊）。

（4）守田志郎の集落についての定義を参照。

土を耕して作物を栽培し、家畜を飼い、蚕を育てることを日々に続ける農家が、いつから何ゆえにか、その生活、したがって生産の営みの場所をここと決めあってきたその空間を、日本では部落という。［守田　2003・17］

（5）「第一編　自然」は「窪川の自然」「窪川の生物」の2章、「第二編　考古・古代・中世」は「考古」「古代」「中世」の3章、「第三編　近世」は「江戸幕府の創立と山内一豊の土佐入国」「仁井田郷のくらしと社会」「近世、幕末から維新の人物像」「窪川の近世文章」の4章、「第四編　近代化への道」は「明治維新」「自治の変遷」「町村制の施行」「国政、県政と議会」「教育」「戦争の歴史」「災害の歴史」の7章、「第五編　戦後の復興から平成の時代へ」は「終戦後の窪川町」「町村合併と新生窪川町」「窪川町の主な出来事」の

3章、「第六編　社会と生活」は「産業・経済」「交通・電気・通信」「警察・消防・司法」「町政の現状と課題」「町の保健・福祉行政」「法人等の活動」の6章、「第七編　民俗・文化」は「衣・食・住・医療」「年中行事」「風俗習慣」「通過儀礼」「信仰」「ことわざ」「伝説・民話など」「芸能・娯楽」「窪川の文化財」「窪川の文化」「窪川の人物史」の十一章で構成される。原発騒動は「第五編　戦後の復興から平成の時代へ」の「窪川町の主な出来事」に「原発問題のあらすじ」としてまとめられる。

(6)「地を這う53　骨肉の争いのあと」(『高知新聞』2008・10・25)。島岡愛直は「鳩オヤジ」のペンネームで、2008年に高知新聞に島岡家を主たる登場人物にエッセイ「地を這う」を連載し、県内で広く愛読されていた。愛直は同エッセイで、自身が北海道の大学に進学して3年目に迎えた原発騒動の終結について次のように書いている。

北海道へ行って三年目の冬、窪川原発の中心にいた藤戸町長が辞職し、町を真っ二つに分けた八年にも及ぶ長い長い戦いに幕が降ろされた。原発推進派もただ目先にぶら下げられた金じゃなく、それぞれが将来の窪川のことを考えて必死で戦ったからこんなに長引いたのだと僕は思った。

窪川独特のしがらみの強さが逆に熱さと変わり、それこそ原子炉のように燃えた原発騒動とは対照的に、元々あまりしがらみ意識の薄い北海道に於いての泊原発は、もちろん水面下では激しい命懸けの住民運動があっただろうが、実にあっさり出来たように僕には思えた。(「地を這う36　モテたかったから」『高知新聞』2008・9・24)

(7) 島岡和子母親の実家である門脇家に、藤戸家の娘が嫁いできていた。

(8) しかし藤戸はこの選挙では最下位に沈み、窪川の若手候補二人が当選する。

(9) 清原悠は、開沼が『「フクシマ」論』で、福島県浪江町棚塩原発反対運動を例に、つまり棚塩の農民たちがムラ=自然村を基盤に原発立地に反対したこと、及び町当局はこの反対運動を切り崩していった結果、立地点のムラが行政区の単位に押し込められてしまったことを指摘する。そして、ムラ=自然村であるがゆえに原発立地に対する抵抗可能性をもっていた点、及び原発を誘致する欲望をもったのはムラではなく、行政村＝町当局であった可能性を指摘する［清原　２０１２］。この清原の指摘は、本書の議論に通底する。なお浪江町の原発反対運動については、恩田勝亘の著書に拠る［恩田　２０１１］。また、浪江町の反対運動のリーダーである桝倉隆は反対運動の仲間らと原発騒動の終了後の窪川を訪問したことがあり、島岡幹夫らと交流している。

(10) たとえばある人は、反対運動に参加することになるなかで推進派の中心人物だった父親の逆鱗に触れ、猟銃を向けられたという経験をもつ。しかし家を出たのは一日だけで、翌日は家に戻って生活をしていたという。多くの場合、猟銃を向けられたことだけが原発騒動の激しさを物語るエピソードとして注目され、翌日彼がどう暮らしたのかは注目されない。

(11) この着想は、中田英樹の議論に多くを拠っている［中田　２０１４］。

(12) 事実、共産党嫌いの島岡幹夫が初めて原発反対派の集会に参加したのは、前田喜三郎の誘いによる。前田は共産党の町議会議員だったが、島岡家と同じ東又地区の農家出身であり、妻の和子の幼馴染の間柄でもある。

第一章　窪川原発騒動の顛末

町長リコール運動。志和の浜で開かれた決起集会に集まった漁民や農民たち。幟旗、大漁旗が舞う。（島岡幹夫氏提供）

原発騒動の始まり⑬

窪川町

高知市から土讃線に乗って西に向う。高知平野はすぐ終わり、山と盆地をいくつか越えていく。須崎市のあたりに入ると、太平洋がのぞかれる。やがてまた山の中を走る。影野トンネルあたりで旧窪川町内に入る。トンネルを抜けた盆地を南下すると、現在の四万十町の中心部でもある窪川駅に到着する。1951年開業の窪川駅は、土讃線の終着駅である。1963（昭和38）年に窪川から土佐佐賀まで中村線が開通し、1970年（昭和45）年に中村までつながる。1974（昭和49）年には窪川駅の中村方向の先にある若井と江川崎が宇和島線で結ばれ、予土線と改称された。中村線が開通するまで、窪川以西にはバスで移動することになった。黒木和雄監督の映画『祭りの準備』は、昭和30年代の中村を舞台とする。そのラストシーン、シナリオライターを目指す主人公はバスに乗って窪川に到着し、そこから列車で東京に向って旅立つ。

2006（平成18）年に合併して四万十町になる窪川町は、高知市の中心部から70㎞程西に位置し、JR土讃線、国道56号、そして現在は高知自動車道で結ばれる。市街地を包み込むように広がる台地を南東に越えると太平洋が広がる。町の北部は旧松葉川村、中央部と西部は旧窪川町、東部は海岸部の志和も含めて旧東又村、北東部は旧仁井田村、そして南部の海岸部に旧興津村がある。町の面積は278・0

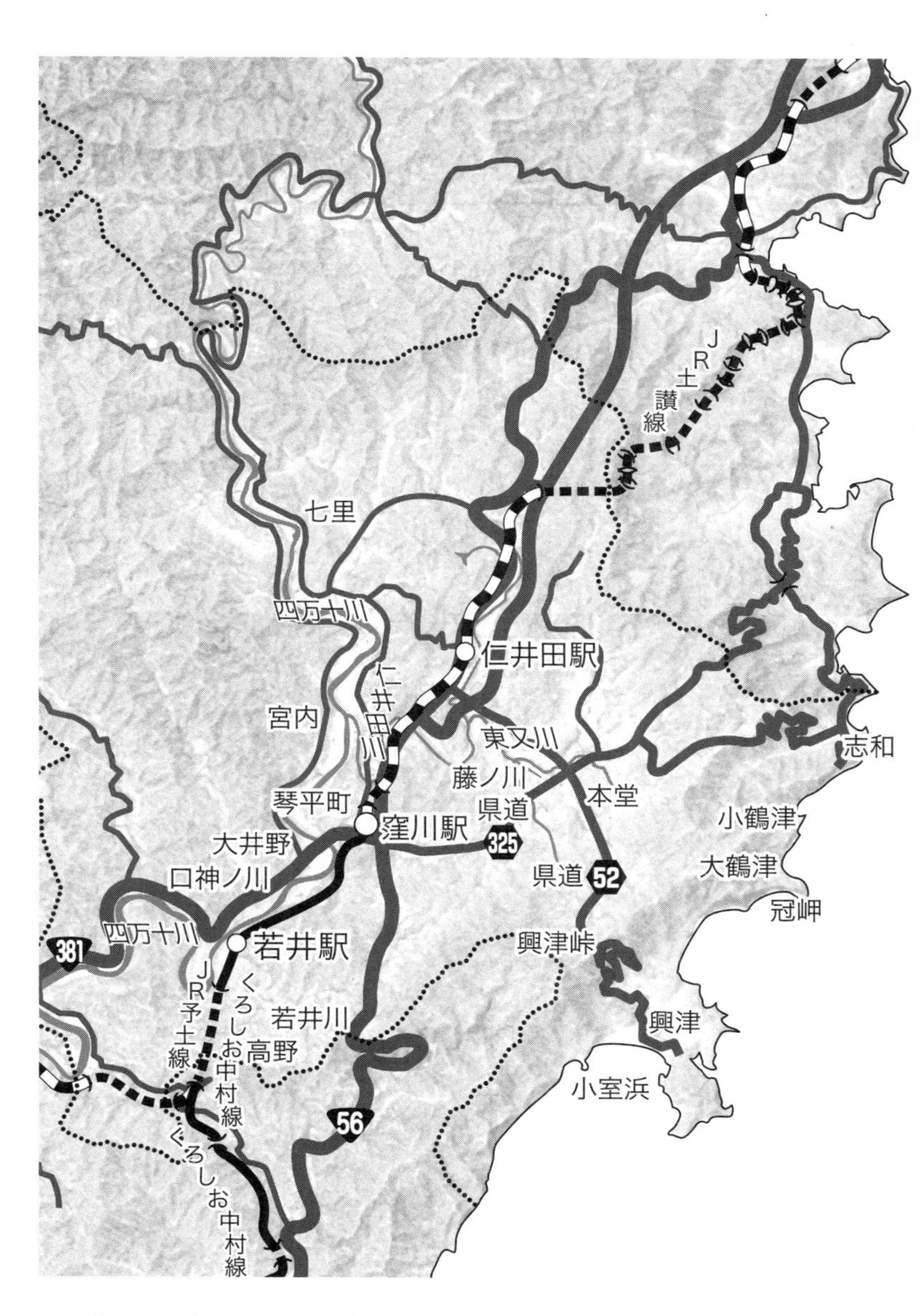
JR土讃線
七里
四万十川
仁井田駅
仁井田川
宮内
東又川
志和
藤ノ川
本堂
琴平町
県道
窪川駅
小鶴津
大井野
325
口神ノ川
県道
52
大鶴津
冠岬
四万十川
381
若井駅
興津峠
JR予土線
くろしお中村線
若井川
高野
興津
小室浜
56
くろしお中村線

夏の四万十川

8平方㎞。80％以上は山地で占められる。台地部では寒暖の差が大きく、夏は38℃を記録し、冬は氷点下にまで達する。これに対して、海岸部は温暖でありほとんど霜もおりない。地形と気候の多様性は、多様な産業を生み出す条件の一つとなった。人口は1975（昭和50）年の段階で、1万8000人であった。第一次産業中心の町であり、総戸数5643戸に対して、農家戸数は2359戸[14]と全体の三分の一以上を占める。

四国電力の原発計画

窪川に原発を立地する計画は、高度経済成長が終わる時代に持ち上がった。四国電力は最初の原発を愛媛県伊方町につくる。建設工事は1972（昭和47）年に始まり、1977（昭和52）年に初臨界を実現した。四国電力社長の山口恒則は、伊方に続く原発を太平洋岸に建設することを希望し、窪川の海岸部は有力な候補地としてリストアップされた。

当初計画が表面化したのは、窪川の隣町である佐賀町（現在合併して黒潮町）であった。四国電力はこの町の熊ノ浦を候補地に定め、水面下で動き始めた。1974（昭和49）年に町長が電源開発事業誘致こそが佐賀町の発展につながると発言、町も開発公社を使って60haの用地の買収に着手し、商工会と連携しながら原発の誘致に動いた。

このような原発建設を推進する動きに対して、地元の漁協を中心に広範な住民によって反対町民会議が結成された。1975（昭和50）年5月に漁協が反対を決議する。7月13日には一斉休漁した漁民500人が大漁旗をなびかせて町内をデモし、11月2日に町漁協は「絶対反対」方針を再確認する。県レベルでも、高知県漁連が全会一致で反対の決議をするとともに、県総評や社会党、公明党などにより「反対県民共闘会議」がつくられた。1975年には、原水爆禁止（原水禁）高知県民会議大会が佐賀町で開催された。1976年1月の町議会議員選挙でも、原発反対を掲げた議員が多数を占めた。このような活発な反対運動を受けて、町長・議会も原発反対に態度を変え、四国電力も佐賀町での原発立地計画を断念することになった。

四国電力は、1976（昭和51）年にも徳島県阿南市蒲生田岬に目をつけ、環境調査の実施許可を県知事や阿南市長に要請している。しかし、反対運動が急速に広がり、同年12月には3000人にのぼる住民が徳島県庁に押しかけ、調査拒否を訴えた。そして、市長や知事に、「地元住民、反対請願団体の同意が得られないかぎり環境調査申し入れへの対応を休止する」ことを確認させた。以後も、水面下での原発誘致は進んだが、1979（昭和54）年3月28日のスリーマイル島原発事故の後、市長と知事が相次いで白紙還元を表明し、四国電力に6月16日に正式通告をした［反原発運動全国連絡会編　1997、204］［阿南市史編さん委員会　2007］。

「伊方もうで」

佐賀や阿南の原発計画が計画当初の段階で町民の反対によって撤回させられていくなかで、四国電力

反対運動に参加したお茶農家岡幸作

が次に目をつけたのが窪川町であった[15]。

四国電力による窪川町の住民への働きかけは、周到に行なわれた。1975（昭和50）年頃から、四国電力は窪川町民を伊方原発への視察旅行に招待した。8000人以上と言われる町民が、これに参加した。視察旅行は、集落で、あるいはPTAや商工会の単位で計画された。この視察旅行を、人びとは「伊方もうで」と呼んだ。行き先は伊方にとどまらず、やがて若狭湾など他の原発立地地域にも及んだ。

島岡幹夫は1976（昭和51）年11月頃に地元出身の自民党に所属する県議である美馬健男に、伊方に行かないかと声をかけられた。2台のバスには島岡の集落の人びとを中心に60人が乗った。四国電力の社員も同乗していた。

当時の様子は、次のように伝えられる。

「大名旅行ちゅうもんか、タダで飲みくいしち、いい気分にして下されよった。あとで『お父ちゃんらばあがええ思いしち、うちらも行きたいぞね』というて、お母ちゃんらも行きよった」

農民は、その頃のことを照れながら話す。（中略）

「小学校も新しけりゃ、道路もええ、公民館も立派ぞね。発電所もガッチリしたもんで、原発には心配いらんぜよ」

見学招待旅行へ出かけた人々のほとんどは、気げん良くそう言って帰って来た。［蒼編集部　1983、132］。

巨大で堅固な原発施設を見、新築の診療所、公民館を見る。仁井田の原発反対の農業青年が言った。

「うちの親父たちも行くというので、〝まあ見てきいや〟と出したら、帰って〝原発、恐るるに足らず〟ときた。〝放射能はちっとも降ってこざったし、漁もちゃんとやりよった。まさかの時は補償金をくれる〟という始末ですき」。[16]

「伊方もうで」と相前後して、町内から原発推進の流れが生まれていた。

窪川町農協の理事を務めていた岡幸作の家には、1970年代の末頃、後に推進の中心人物として動く人物がやってきた。彼は岡に対して、国策で進められる原発を誘致するのに協力するよう要請した。原発の温排水をつかってハウス栽培が可能になるなど、夢のようなことを語った。農協の理事を務める自分に集落をまとめることを期待されていることを感じたが、岡は原発誘致への協力を拒否した。当時、窪川町農協でも玄海原発への視察が計画された。これについても、岡は視察するのであれば原発と農業の関係をしっかり見ようと提案した。岡は原発反対運動に本格的に動き出すと、農協の理事からはずれた。

原発推進の動きは、四国電力が建設計画を公にしていなかったにもかかわらず、窪川の内側からじわじわと広がっていった。

窪川町長、藤戸進

1979年、町長選挙

隣町の佐賀町で原発計画が持ち上がるなか、1973（昭和48）年6月、窪川町議会は議員提案によって佐賀原発建設に反対するため「火力発電所及び原子力発電所設置反対に関する決議」を全会一致で決議していた。全会一致となったのは隣接地域での原発を安全面から危惧する立場の議員だけでなく、原発を佐賀町に取られることを危惧する原発推進の立場の議員も賛成に回ったからと考えられる。平仄（ひょうそく）を合わせるように、町議会は1977（昭和52）年に原子力発電所に関する調査特別委員会を設置し、1978（昭和53）年12月まで福島県富岡町、茨城県東海村、愛媛県伊方町、福井県美浜町で調査研究を行なっている。

この間町長を務めていた佐竹綱雄の引退を受けて、1979（昭和54）年に町長選挙が実施され、4人が立候補した。自民党は元町議（当選4期）で、窪川町商工会会長の渡辺寿雄、町議（当選5期）の熊谷直喜の二人に分裂した。共産党は町議（当選2期）の長谷部高値を推薦した。候補者中最年少の50歳、町議を1期務めただけの藤戸進は、当初はもっとも知名度が低い候補者だった。

当初、渡辺の優勢が伝えられたが、町長の佐竹や県議の美馬健男は熊谷を推した。そんななか、藤戸は社会党と「環境破壊につながるような原発の誘致はしない」という政策協定を結ぶとともに、公明党の支持も取り付けた。また島岡や岡ら農民たちも藤戸の支援に回った。渡辺は明確に原発推進の立場をとり、熊谷は町民の理解を得たうえで判断するとした。長谷部は原発を誘致しないと明言した。

選挙は4303票をとった藤戸が当選し、次点の渡辺に400票近くの差をつけた。熊谷、長谷部は藤戸に票を取られて低迷した。高知新聞は、藤戸の勝利を「町民の多くが古い町の実力者タイプの町長を選ぶことに抵抗を感じ始めたところへ、若く、精力的でしかも気さくで明るい候補が出現」と報じた。[17]

藤戸は1928(昭和3)年に昭和の合併前の旧窪川町の口神ノ川に生まれた。須崎工業学校から中央大学法学部に進み、1953(昭和28)年に卒業。短期間教員をした後、高知市役所厚生課に臨時職員として採用された。1958(昭和33)年に長男である兄が家族でパラグアイに移住したため、跡取りとして帰郷した。ほどなくして町役場前に司法書士事務所を開いた。1974(昭和49)年に町議選に初当選した。[18]

町長就任直後の1979年3月に開かれた昭和54年窪川町議会第一回定例会で、藤戸は「現時点では原発誘致に反対」と表明した。

しかし翌年になると、藤戸の原発に対する態度は次第に変わっていく。

高知県西南開発と藤戸の変節

1977(昭和52)年11月、大平正芳内閣は第三次全国総合開発計画(三全総)を閣議決定する。当初、この計画は大平首相が掲げる「田園都市構想」と密接なつながりをもって策定された。しかし、発想当時から次第に変質し、結局は従来の国土計画と変わらない公共事業と工業先導型開発となった。定住の基本単位とした「流域圏」は結局、河川整備を重点化し、定住者の労働人口の確保のため工場誘致基盤整備事業が進められてしまったのである[本間 1999]。

1978(昭和53)年、高知県は、三全総において南予(愛媛県南部)を含む四国西南地域が、国土利用の均衡を図るため基盤整備をすすめるべき地域、すなわち「課題地域」として位置づけられたのを受けて、西南開発局を新設した。そして、エネルギー備蓄中継基地、火力発電、原子力発電等21業種について、関係市町村に希望業種の選定を求めた[19]。

これを受けて窪川町議会は、1980（昭和55）年1月に委員構成8名で「西南開発に関する調査特別委員会」を設置する。

2月には、役場内に設置した窪川町総合開発振興計画策定本部会において、高知県の示した西南開発に関する工業流通基地の形成に伴う立地業種として「原子力発電」「飼料、食料品関係」「木材、木製品関係」「精密化学製品関係（ファインケミカル）」「医薬品製品関係」「精密機械関連部品関係」を、町内に立地可能性のあるものとして選定した。調査特別委員会は、4月には原子力発電の安全性や行政上の問題を探る調査研究のため、茨城県東海村、福井県大飯町、美浜町を視察した。

藤戸は1980年六月議会において、「原発問題は誘致もあり得る」と答弁し、この日から窪川原発計画が公の場に登場する。

原子力発電所立地問題に関する請願

藤戸の「変節」に呼応し、それまで水面下で原発誘致のために活動していた町議や自民党・農漁協、そして電力会社などすべての有力者を網羅した窪川町原子力発電所研究会（以下原発研究会）が結成された。町民に信望の厚い医師で、自民党支部長経験者でもある大西晃が会長に就任した。原発研究会は8月8日に東大教授の安成弘、8月14日に京大教授の桂山幸典らを招いた講演会を開催した。会場は原発予定地域に近く、漁業権の問題でも重要な位置にある興津浦分公会堂が選ばれた。そして9月4日に9557名の署名を添えて「原子力発電所立地問題に関する請願書」を町議会議長宛に提出する[20]。藤戸の変節や、多くの議員や町民の支持の背景には、原発立地によって期待される町への圧倒的な経済効果があった。藤戸も、「百万キロワットで31億5千万円の立地交付金。それに年間数十億円の固定資産税が入る。これだけでも今の町の規模を上回る」と語った。[21]

請願書の文面は以下であった。

昭和四十八年に発生したオイルショック後の厳しい石油事情に対処するため、政府は、早急に脱石油を図るためのエネルギー政策を進めております。

当窪川町においても、先の六月定例議会で町執行部ならびに、西南開発に関する調査特別委員会から西南開発六業種のなかに原子力発電所が含まれていることが、中間報告されました。

なかでも、原子力発電所は、脱石油のかなめであり、国策に十分貢献出来ること、国からの電源三法交付金が公交付され、周辺市町村を含めた地域開発が推進出来ること、また固定資産税等の税収増、地元における雇用機会等そのもたらす効果は十分期待に沿うものであると考えられますので安全性が確保されるならば原子力発電所を誘致し地域開発の大きな原動力にすべきだと思います。そこで窪川町としては、即急に原子力発電所立地問題について具体的な検討を行うべきであると考へますので私たちは、窪川町当局ならびに町議会において可及的すみやかに次の措置をとられるよう請願いたします。

記

一、町は四国電力に対し窪川町内において物理的に原子力発電所立地が可能かどうかボーリング等必

要とする調整を実施し、その調査結果を町に報告する様要請すること
二、原子力発電所の安全性ならびに立地に伴ふ地域振興について町で調査研究すること
三、町は前記一、二の調査結果をふまへ、かつ町内住民の意識を把握した上で、原子力立地に関して町のとるべき方策を決定すること[22]

請願書の発起人には会長の大西ばかりではなく、窪川町農協組合長だった佐竹輝男、町長選挙に敗れた渡辺寿雄、後に原発反対町民会議議長に就任する谷脇溢水ら自民党関係者、農協、漁協、商工会などの町内各界の有力者59人が名前を連ねていた。

このように国の四国西南開発の流れのなかで、エネルギー拠点としての原発が高知県西部地域で計画されていく。四国電力は８０００人を超える窪川町民を「伊方もうで」に招待した。これに呼応して動く住民の水面下の活動もあり、原発の安全性にはまったく問題なく、過疎化や地域経済の停滞を打破する特効薬であると考える住民を増やしていった。それが住民から町への調査推進請願という形で結実した。

窪川原発反対運動

反対運動の立ち上がり

１９８０（昭和55）年4月、四国電力の山口恒則社長は、「太平洋岸（高知県）に昭和56年12月着工で原発を設置したい」と記者会見で発表した。また藤戸町長は六月議会で原発誘致もありうることを認めた。

このなかで、原発に反対する人びとも本格的に動き始めた。4月29日には共産党興津支部と全国部落解放運動連合会（全解連）興津支部が、興津町民館で町内初めての原発学習会を開き、50名の人びとが集まった。6月7日には、町内中心部にある農村環境改善センターで「原発と地域開発を考える学習会」を開く。本格的な反原発運動を展開するために、「原発反対町民会議準備会（以下「準備会」）」を結成し、代表者12名を呼びかけ人とした。以後、準備会は町内各地で「原発学習会」を実施した。学習会には、高知大学理学部助教授で原子物理学を専門にする脇坂京一らの研究者が講師として参加した。

7月には原水爆禁止高知大会が窪川で開催され、400人が参加し、「窪川原発阻止」の大会アピールが採択された。併せて、大阪大学講師の久米三四郎が「原発の危険性と住民の戦い」と題する講演を行なった。8月には準備会を中心に決起集会が開かれ、日本原子力研究所主任研究員の中島篤之介が「原発の危険な実態と原子力行政の問題点」と題する講演を行なった。この決起集会で準備会を発展的に解消し、「窪川町原子力発電所設置反対連絡会議（以下「連絡会議」）」に改組した。この頃から反対派は原発の問題点を分かり易く説明したビラを作成し、街宣活動や個別訪問が休みなく行なわれるようになった。

「原子力発電所立地問題に関する請願書」の提出を受けて、連絡会議は「原発設置反対請願」をまとめ、9月末に5454人の署名を町議会に提出した。請願の要旨は、「町、町議会は原発設置に反対の態度を明確にせよ」「県西部の立地業種から原発を削除せよ」「知事と四国電力に対し設置反対の意思を伝えよ」の3点であった。10月11日には1538人分の署名が追加提出され、合計で7013人となった。窪川町の1980年当時の有権者数は1万3742名であり、原発調査推進請願と原発設置反対請願の両方を足すと、これを超えてしまう。これは、血縁・地縁のつながりで内容を確認せず「原子力発電所立地問題に関する請願書」に賛成署名をした後、「反対請願」の説得を受け、反対署名にも署名した人がいたからだと考えられる。

町議会西南開発調査特別委員会は、10月7日から審査を開始した。8日には双方の請願代理人の任意出席を願い質疑応答を行なった。そして10月15日に両請願について採択が行なわれる。調査特別委員長の中平忠則は、調査推進請願について、「原発は石油に替わるエネルギーとして国の基本政策でもあり、調査を一日も早く実施、立地可能の有無を明確にすると共に、原発の安全性と地域振興の調査研究を町に強く求められておる。将来町のとるべき判断材料を得ることは町の発展につながる、という意見が委員会で多数を占め、採択すべきと決定した」とした。町議会本会議での投票の結果、賛成14、反対4で請願は採択された。一方、設置反対請願について、中平委員長は「安全性が立証されていないことは賛成意見であったが、反対意見として、調査推進請願と正反対であること、原発は西南開発の推進力であり、経済性、関連企業誘致などで労働力の吸収にも役立つ、安全性の問題は目下委員会で調査研究を進めている、などの意見が多数で不採決とした」とした。本会議での投票の結果、設置反対請願は賛成3、反対14で不採択となった。

結果を受けて藤戸町長は、翌16日に中内力知事に報告した。その後10月24日に独断で高松市の四国電力本社を訪問し、原発立地調査を要求した。これに対して、賛成派町議からも何の相談もなかったと批判が起きた。

一方、反対派住民は10月17日に連絡会議を原発設置反対町民会議に改組し、原発の設置については住民投票によって決める条例をつくるべき、と条例制定の直接請求運動に着手する。しかし、藤戸町長は「住民投票は卑劣な手段」とし、町民会議が請求した代表者証明書の交付請求を10月23日拒否した。[23] こ

農村環境改善センターで開催された2015年郷土をよくする会結成大会

郷土をよくする会結成大会

の短期間に、町長、推進側住民、反対側住民が、日ごとめまぐるしくせめぎあった。

町長の解職請求（リコール）：「窪川町の主人公はわたしたち住民自身です」

町民会議は10月25日町長の解職請求（リコール）を決定し、11月18日から町長解職直接請求手続きをとり、署名を開始する。

町民会議は、リコール運動をすすめるため、原発について学習活動を各地域で行なえる体制を整え、小学校通学地区単位での学習会を実施した。ポスターやチラシ、小冊子は町職員組合事務所で作成・印刷され、町内に配布されていった。

「原発設置反対請願」までは、運動の中心は壮年以上の男性によって担われていたが、この頃から、女たちや若者の活躍が始まっていた。

若者は「反対署名」を集める時、婦人たちに、原発と放射能の関係を丁寧に話し、学習会への参加を呼び掛けた。

「青年の話を聞き、学習会に顔を出し、はじめて原発のおそろしさを知ったがよ。もうたまるか、ちゅう思いじゃった」

原発についてほとんど何も知らないでいた農家の主婦は言う。「放射能ちゅうもんは、長い年月をかけて人体を破壊してゆくちゅうことだし、子どもや孫にたたってはたまらんがよ。たとえ、研究され、影響が抑えられたとしても何がどう起こるか解らんような原発は、この窪川にはいらんがよ」［蒼編集部　１９８３、１３８］

郷土をよくする会結成大会（47ページの写真とともに甲把英一氏所蔵ファイルより）

8月に連絡会議が結成された頃から、反対運動に参加する人びとは、昼間は宣伝カーによる街宣活動、夜は町内に130ほどある集落ごとの学習会を開いた。冬になる頃には、小学校単位で11の反対組織支部が生まれた。そして原発に反対する住民個人と、反対の意思をもって活動する農民会議、漁民会議、酪農民会議、青年の会、婦人の会、郷土を愛する会、自民党有志、社会党、共産党、教組、町職、全林野、全逓、県職、高教組、国労バス、国労レール、興津地区、東又地区、仁井田地区などの23団体によって、1980年12月11日「郷土（ふるさと）をよくする会（以下、ふるさと会）」が結成された。会長には、町の助役、窪川町農協組合長、自民党支部長などの地元要職を歴任した野坂静雄が就任した。野坂をはじめ、地元自民党の中核にいた人びとが社会党、共産党なども手を組んで広範な反対運動を展開した点が、窪川の原発反対運動の特徴として運動の内側からも外側からも認識された[24]。

12月11日には「郷土をよくする会」結成大会として、原発建設阻止町民総決起大会が開かれた。記念講演を宇井純が行ない、各構成団体の代表が決意表明した。

この日に配布された資料を開くと、「わたしたちの町長をわたしたちの手で」と題する呼びかけ文が毛筆で書かれている。

わたしたちの町長をわたしたちの手で

海と台地と真すぐのびる山々
潮のかおり　土のにおいと木々のぬくもりを
いっぱいにふくんで
いくつものせせらぎがあつまる
師走の寒風をのみこんで
熱き清らかな流れとなり
高南台地を南へ南へ
やがてかならず春が——
いのちに目覚めた　つぼみのもとで
さあ

あなたとわたしの新しい出会いを
肩よせあう　お年寄り夫婦
やりくりに疲れている　お母さん
不景気に苦労を重ねる　お父さん
人間らしく生きたい希望をうたう
若ものたち娘たち
町のすみずみから
かけより　手をとりあいませんか
いのちと暮らしをまもるおもいをこめて
わたしたちの町長を　わたしたちの手で

ここに描かれる窪川の姿は、必ずしも明るいものではない。しかし、その現状のなかで一人ひとりが立ち上がり、町政を自分たちの手に入れるという決意が示されている。資料のページを繰ると、ふるさと会会則がある。会則は前文をもつ。

窪川町の主人公は、わたしたち住民自身です。
この窪川では、農民、漁民、商工業者、労働者をはじめ広範な勤労町民が団結して、その共同の力で地域を守り、発展させてきました。それは人々の健康が保障され、自然のなかで生活する喜びを共通のきずなとして、幾代にもわたってきずいてきたものです。

わたしたちはこの歴史にたって、地域の生産と生活条件のいっそうの整備を、町民みんなの希望と合意のもとに前進させるために、〝ふるさと窪川〟を現代にいかし未来につなぐ願いと行動を一つに結びつけることを決意して、この会を結成します。

わたしたちは〝危険〟と隣りあわせの幸福とやすらぎはありえないし、地域の健全な発展もまた望むべくもないと確信します。

わたしたちは、かけがえのない自然を汚染し、人心をむしばみ、地域と住民のかぎりない未来への可能性を制約する原子力発電所の設置には、明確に反対します。

この会は、町民一人ひとりの心と力を結びあわせ原子力発電所のない平穏で豊かな町民生活と、町の発展をめざすこと、そして町民のための町政をつくるために運動します。


ここには、原発によってもたらされる富を拒否し、これまで窪川に住む人びとが「自然のなかで生活する喜び」をつくり上げてきた歴史のうえで、地域の生産と生活条件の整備をはかるという決意が示される。呼びかけ文も、会則前文も、あくまで窪川の人びとの一人ひとりの力で窪川は「健全に発展」していくべきであるという考えに立っている。ここには、町長や一部有力者が必要な情報を公開せず、窪川の未来を独断で決めてしまうことに対する怒りを読み取ることもできる。一部で決めるのではなく、「町民一人ひとりの声が、まっすぐ、まちがいなくとどく町政を築き上げる」のは地方自治の本旨であるという言葉は、資料の別の箇所にも記されている。

ふるさと会の結成により、反対派の運動が盛り上がりを見せるなかで、12月22日に解職請求の署名簿が提出された。窪川町は各課から一人ずつ課員を出して、選挙管理のあり方を検討する部会を立ち上げた。同部会が、署名簿が正当か調査した。メンバーであった渡辺睦は語る。

2月22日解職請求の署名簿が出ました。これからが大変でした。年末に出されまして、選管としては審査期間が何日以内にやるか定められている。賛成反対、署名簿が５００～６００簿冊があった。署名簿の審査がおわれば、その全てを縦覧する必要があります。リコール運動の申請は職員組合がやっ

町長リコール運動。志和に掲げられた、ふるさと会の横断幕
(甲把英一氏所蔵ファイルより)

ていたこともあり、彼らに要請して、袋とじにして17冊にまとめた上で提出してもらいました。夜の管理の問題もありました。役場の3階の委員会室に畳を6枚もってきて、耐火金庫を構えました。そこで20日間ほど寝泊まりしました。毎晩、24時くらいまで審査しながら、署名簿を守って、寝て起きて、また審査。正月もありません。署名が有効か無効かどうかの判断は選挙人名簿に載っているのか、重複はないか、本人が自著したのか。自著は全員に確認できないので、筆跡で確認するしかない。日程の方は決められていますから、選管としてはその期間に審査をせにゃいかん。それも町を二分するような大変大事な問題が関わる審査です。署名審査がおわって、その後リコール投票があり、新しい町長を決める選挙が始まりましたので6か月は全く休みがありませんでした。当時は若かったので、乗り越えられました。

町長リコールから町長選挙へ

町長リコール

70年代に世界を襲った二つの石油ショックを受けて、政府―与党自民党は石油依存度を下げて原発建設を推進することをエネルギー政策の根幹においた。1979年に政府のエネルギー調査会需給部会は、脱石油の推進、新エネルギー開発をめざし、長期エネルギー需給暫定見通を策定した。このなかで、原発出力目標を、1991年3月末までに、5300万Kwと定めた。これを受け、自民党は1981年の2月に「電源立地推進本部」（佐々木義武本部長）を設置している。その最初の大きな活動が、窪川のリコール阻止だった。窪川には自民党の幹事長や科学技術庁長官、タレント議員など中央の有力代議士や、高知県知事や県議会議員など町外の政治家、はては海外の原子力研究者などを送り込み、リコール

町長リコール運動。原発推進派の街宣車（甲把英一氏所蔵ファイルより）

阻止運動のテコ入れを図った[2]。自民党幹事長の桜内義雄は、存続が危ぶまれる国鉄予土線の存続を手土産として語った。1979年に起きたスリーマイル原発事故を受けて、原発に反対する世論は盛り上がりを見せていた。窪川でリコールが成立すれば、他の原発計画地域に波及し、ただでさえ進んでいない新規立地を頓挫させることを恐れたのである。

　大音量のスピーカーで演説する町外の政治家に対しても、ふるさと会の人びとは駅前のロータリーの使用許可をいち早く取り、演説を続けて相手の機先を制し、さまざまなプラカードを使ってアピールした。町内の各集落で開かれるふるさと懇談会も大小数百回が開催された。住民の間に、原発推進―反対という亀裂が走るなかで、ふるさと会のメンバーは奔走した。親戚、隣近所も推進・反対で対立が生じ、それぞれの意見が分かれると、法

町長リコール運動。窪川駅前の街頭演説（島岡幹夫氏提供）

事の際も顔を向き合わせることがなく、背中を向けて座った。雑貨屋やガソリンスタンドも、それぞれ推進派が利用する店、反対派が利用する店と二分された。そんななかで、リコールに賛成するような説得が行なわれた。以下は、反対運動に参加した女性農業者島岡和子の言葉である。

リコール運動に入って、とにかく半数以上とらないといけない。自分の仕事をして、それから反対運動をするので、無駄な労力は使えない。だから、最初にリコール賛成の意思表示がきちんとできた人は、○をつけて二度足を踏まない。あやふやな△のところを確認にいく。どうしても意思表示をせん上手な家庭もありました。リコールに賛成すれば、生活保護も打ち切ります、子どもを役場に採用もしませんといった噂がながされ、嫌がらせがひどい。弱い人は切り崩されていきます。きちんとした学習ができた人は、ふらふらしない。そのために説得しました。

ふるさと会の学習会は、３人以上の参加者がいれば開催された。メンバーによって、テレビ、ビデオデッキ、そしてパネルが運び込まれた。スリーマイル島の原発事故をめぐるドキュメンタリー映像が流され、放射能汚染の危険性が語られた。

原発受け入れ後の地域の実態を探るため、反原発運動に取り組む伊方町民を招いた学習会も開かれた。彼らは、伊方原発ができて増えた雇用について、職員としての採用はわずかで、日雇い業務がほとんどであること、原発関連で働く人びとは町外に家を立て人口は増えなかったこと、原発のために道路が整備されたがその補修は町の予算で行なわれることなど、四国電力が主催した「伊方もうで」では語られなかった事実を語った。ふるさと会の人びとは参加者を募り、伊方への訪問調査も数回にわたり行ない、現地で商工業者、農民、漁民の声、そして町役場の人びととの声を聞いた。これらの学習会や現地調査の結果はテープに録音され、「伊方町民の声」として、学習会で活用された[26]。

若者も、女性たちも選挙カーを出して走りまわった。リコール運動は公職選挙法が準用されない部分もあり、選挙カーは台数無制限に走った。町内あちこちにリコール反対、賛成の看板が立てられた。投票当日、投票所の前でも反対、賛成の呼びかけは続いた。選挙管理委員会の書記を務めた渡辺は次のように証言する。

リコールは投票日にも運動ができました。投票所のあった役場の通路に賛成反対が両方並んで、入ってくる有権者に賛成投票するようにとか、反対投票するようにとか、そんなことが行われていました。同じことは他の投票所でも行なわれていました。役場では殴り合いの喧嘩になり、パトカーを呼んだ

原発反対連絡会議の看板

こともありました。解職選挙のときは選管も町民もピリピリしていました。それだけ拮抗していました。殴り合いは方々でありましたが、公職選挙法で告発された例はありませんでした。

１９８１年３月８日に実施されたリコール投票は、91・66％の投票率に達した。結果は、賛成票が６３３２票、反対票が５８４８票で、藤戸町長のリコールは成立した。国内外ばかりではなく、海外からもマスコミが訪れ、リコール投票の様子を報じた。

出直し町長選挙

リコール投票に敗北した原発推進派は、同月下旬にこれまでリコール阻止運動の拠点になっていた「原子力発電立地調査推進県民会議窪川支部」を解散し、３月18日に「窪川町を明るく豊かにする会」（略称　明豊会）を結成した。会長には、当初から原発推進に積極的な立場にあった地元選出の県議会議員美馬健男が就いた。明豊会は新たな町長候補の擁立に着手した。しかし意中の候補が固辞したため、藤戸に再出馬を要請した。この申し入れを、藤戸は受託する。一方、ふるさと会は会長の野坂静雄が出馬し、「四国電力に申し込んでいる原発調査を白紙撤回し、地域の特性を生かした第一次産業を中心とするまちづくり」

を公約とし、中央の政策からの自立を目指した。

明豊会―藤戸陣営は、原発推進を前面に打ち出さなかった。「原発問題では調査をはじめる前に学習会を行い、町民の理解を深める。国・県とのパイプを太め、リコールによって混乱した町政の混乱を収拾し、第一次産業と商工業のバランスある町に発展させる」と公約した。その目玉の一つとして、高幡地区の国営農地開発事業の受け入れを打ち出した。国営農地の受け入れは、農業者の支持拡大を狙うとともに、建設費用200億円と見込まれ、土建業者の支持を広げていった。

一方で、藤戸は住民投票について、選挙で選ばれた町長や、町議会の決議を無視する「卑劣な手段」としていたこれまでの態度を大きく変えた。そして、「調査によって立地が可能になった場合、住民投票を行なう」ことを公約とした。もともと、住民投票条例の制定は原発反対町民会議が藤戸に求めたものであった。野坂は立地可能性調査前に住民投票を行なうべきとしている。藤戸は原発推進の姿勢を「拙速」と身内からも批判されたことを受け、かつ再度のリコールを封じるため、これを公約に取り入れた。結果的にふるさと会の要望が藤戸陣営にも取り入れられたので「住民投票条例の制定」は争点でなくなった。

4月19日の選挙の結果、町政の混乱の収束と、国や県との関係修復を呼びかけた藤戸が6764票を獲得して当選し、町長に返り咲いた。野坂の得票は5865票、投票率は93・30％であった。

勢力伯仲のなかで

原発学習会と住民投票条例

当選した藤戸は、公約として掲げた町主催の原発学習会（「行政懇談会」）を同年12月7日から開いた。

原子力発電所の立地可能性等調査の内容、範囲、機会、立地に至るまでの手続きの概要を町が説明し、住民の質疑応答を受ける。それによって立地可能性等調査の理解を深めるとともに、行政全般についての町民の意見を聞き、町政に反映することを開催の目的としている。行政懇談会は集落を単位に開催され、1984年3月までに合計84回開催された。

1982（昭和57）年2月1日に野坂の地元、大井野で開かれた行政懇談会では、立地可能性調査の後に行なわれる住民投票が果たして法的拘束力をもつのかどうかが争点になり、野坂と藤戸の間で舌戦が繰り広げられた。一方、開催日時は町長と関係地区総代が協議して決めることになっており、反対派の力が強い興津・志和両地区で農民たちが暮らす郷分の集落では、行政懇談会は最後まで開催できなかった。

同年六月議会に「窪川町原子力発電所設置についての町民投票条例に関する条例」が提案された。藤戸はリコール成立、及び住民投票条例の制定を公約とした自らの再選に至る経過を振り返り、この間町民が「自らの参加による選択を強く希求している現れ」と考えて、この住民意識のたかまりを行政執行権者として受け止め、この条例を制定しようとした、と提案理由を説明している。

一方、ふるさと会は「住民投票条例の制定に関する請願」を出し、①立地可能性調査の前に住民投票を実施すること、②原発の安全性は保障されておらず単純に多数を占めればよいものではない。そのため投票資格者の四分の三が投票し、三分の二以上の賛成が得られないときは否決とすること、③地場産業に従事している青年層の意見を反映させるため投票の有資格者は18歳以上とすること、④町民が正しい判断で投票できるように学習会の保障や情報の公開を求めること、⑤不正行為に対する罰則規定を設けることを求めた。審議の後、採決がなされ、ふるさと会の請願と修正案はいずれも反対15、賛成4で否決、一方本条例案は賛成15、反対4で採決された。
条例は町民投票の実施とその措置を定めた第三条において、

町民投票は、電気事業法（昭和39年法律170号）第2条6項に規定する電気事業者から町に対し、原子力発電所の設置に係る申入れがあったときに実施するものとする。
2　町長は、前項に規定する原子力発電所の設置に係る申し入れに対し回答するに当たっては、町民投票における有効投票の賛否いずれか過半数の意思を尊重するものとする。

と定めている。過半数の意思を「尊重」するとしている点について、ふるさと会からは実効性についての疑問が呈された。しかし電源開発促進法第11条に定められた知事の同意と、漁業法や水産業協同組合法にもとづく海岸部と地権者と漁業権者の同意があれば、原発立地が可能と解釈されてきたなかで、知事の許認可の前段階で町民の賛否投票を行なうというのは全国的にみても画期的な制度と町内外から評価された。(27)

1983年の町議選と伯仲する議会

ふるさと会は1983年1月の町議会選挙で、島岡をはじめとする9名（定員22人）の町議会議員候補が当選し、これまで5名だった陣営は倍増した。ふるさと会に加わっていない1名の議員を加えると、反対派は10名となった。推進派12人と勢力は伯仲した。

議会内の論戦も激しさを増した。1984年3月には「窪川町原子力発電所立地可能性等調査促進決議」案を、賛成11票、反対10票で可決した。これを受けて藤戸町長は、4月1日に原発対策室を町企画課内に新設した。高知県議会も、7月8日に「原発立地調査促進決議」を賛成19票、反対8票で可決した。これを受けて藤戸町長は四国電力に、10月12日に「原発立地調査協定」の締結を申し入れた。

推進側の動きに対して、ふるさと会は11月14日に「調査協定締結に議会決議を必要とする条例」制定を直接請求で出すが、否決された。

12月には藤戸町長と四国電力社長が、県知事立ち会いのもと「原子力発電所立地可能性調査に関する協定書」と「確認書」に調印した。これを受けて、1985年の7月に四国電力は立地可能性等調査にあたる窪川原子力調査所を、同社の窪川営業所内に開設した。

1985（昭和60）年4月14日の選挙では、再び出馬した藤戸が、ふるさと会の推薦する中平一男を破り、三選を果たした。ふるさと会は独自候補の擁立に難航し、結局原発問題の棚上げを主張し、「中間派」を自称する中平の擁立を決めた。中平は1936（昭和11）年、後に窪川町になる旧松葉川村に生まれた。法政大学法学部を卒業した後、政治団体に加盟し、その後窪川に戻り、会社役員と町内の小中学校PTA連絡協議会会長を務めていた。自民党代議士の秘書を務めた時期があるとも伝えられる。原発に対する立場を明確にしない、中平の推薦はふるさと会内部での論議も生んだ。しかし、ふるさと会を割ることだけは絶対にするなという会長野坂静雄の言葉が分裂を止めた。投票の直前に野坂が亡くなり、弔い合戦の様相も呈したが、結局藤戸が6776票を獲得し当選した。中平は5594票を獲得した。投票率は92・17％だった。

立地可能性等調査に関する協定書が締結され、藤戸が再選した。四国電力は1985年11月6日に窪川町に対して、「原発立地調査計画書」を提出した。志和地区の鶴津沿岸を中心に、原子力発電の立地が可能か否かを判断するための調査計画書であった。

チェルノブイリ原発事故と、原発騒動の幕切れ

推進に進んでいく流れが大きく転換したのは、1986（昭和61）年4月26日に起きたチェルノブイリ原発の事故であった。暴走した原子炉は水蒸気爆発を引き起こし、ヨーロッパ各地を放射性物質で汚染した。窪川町内でも放射性物質が検出された。町内の反原発世論は高まった。

立地可能性等調査を実施し、立地可能と判定されたら住民投票を行なうことを既定路線とする藤戸町長は、プロセスを止め様子を伺う。事故の状況と、安全対策についての国の見解が出るまで、調査計画書受け入れの手続きを中止した。原子力安全委員会がソ連のような事故は日本では起こり得ない、という見解を事故と同年の9月に示すと、11月に前年に受け取った「原発立地調査計画書」を了解する旨を、藤戸は四国電力へ回答した。

しかし、四国電力の窪川原発推進姿勢にも変化が見えていた。チェルノブイリ原発事故直前の4月11日、四国電力山口会長は四国経済連合会四国西南開発委員会の席で、原発に慎重姿勢を見せ、「先に伸びる可能性」もあると発言した。背景には、住民投票条例が制定されたこと、伊方3号機の増設が認められたこと、さらに電力需要全体が低迷していることが推察される。

そんななか、翌年1987（昭和62）年2月1日の町議選では、明豊会11議席、ふるさと会10議席、公明党が1議席を確保し、議会勢力は伯仲したままであった。一方で計画当初は原発推進が強かった興津・志和漁協内に変化が起こり、ふるさと会と合流し、原発に反対する動きが力を増してきた。同年12月23日には興津漁協が四国電力による海洋調査の拒否を表明した。追い討ちをかけるように島岡幹夫ら

の働きかけで推進議員の中心であった芳川光義が原発反対に転身し、議会の勢力が逆転した。藤戸町長は、予算成立すらままならない状況に追い込まれた。四国電力は電力需要の低下のなかで、すでに8月1日付けで窪川原発調査所の組織人員、体制を縮小していた。１９８６年5月に伊方原発3号機の原子炉設置許可がおり、11月には建設工事が始まっているなかで、窪川原発の必要性は低くなっていた。

１９８８（昭和63）年の1月28日、藤戸は「現時点で調査をしても将来の立地時点での適切な判断材料になるか、どうかは疑問。立地の見通しが明らかになった段階で対応するのが適当」と述べた。原発問題を事実上凍結し、昭和63年度予算に原発関連予算を計上しないことを明らかにした[28]。翌日、藤戸は責任を取り、町議会議長に辞表を提出した。3月の町長選ではふるさと会が推薦する中平一男が当選し、自民、社会、公明の推薦する山崎健正に６０３１対４４７６で勝利し、町長に就任した。この選挙でふるさと会に所属する一部議員は、山崎を支持した。ふるさと会の結束は崩れたが、それはまたこの選挙がもはや原発推進―反対を争点としないことを意味していた。実際、山崎は原発問題の凍結という藤戸の路線を踏襲すると明言していた。さらに中平も原発問題を白紙に戻すといっているだけで、原発の推進なのか反対なのかは明言していない。投票率は90％を超えていたこれまでの町長選、町議選挙から減少し、79・31％であった。

同年6月23日、町長に就任した中平は町議会の席で、7月1日付で、原発対策室を廃止する意向を表明した。同月25日、窪川町議会は「窪川原発問題論議の終結宣言」を可決した。町の原発対策室は、7月には中平の言葉どおりに廃止された。

ここに、窪川原発騒動の幕がひとまず下りた。

第一章関連略年表

1974年（S49）	高知県佐賀町議会、原発誘致を決め、調査予算を計上。これに対して、地元漁協を中心に反対町民会議を結成。翌年1月、佐賀町議会議員選挙で、原発反対をかかげた議員が多数を占める。計画を白紙撤回。
1977年（S52）	11月、第三次全国総合開発計画。
1979年（S54）1月4日	藤戸進町長誕生。3月定例議会で、現時点では原発誘致に反対と表明。
1980年（S55）4月29日	原発反対派、最初の集会を興津で開催。5月13日、原発反対町民会議設立発起人会主催、「原子力発電所と地域開発を考える会」開催。
6月24日	藤戸町長定例議会の一般質問において、原発誘致もありうると答弁。
7月25日	山口恒則四国電力社長（四経連会長）は、四経連の高知地域懇談会の席上、「伊方に次ぐ原発は高知を含めた太平洋岸へ希望し検討している」と表明。
9月	原子力発電所研究会が「原発立地問題に関する請願書」を9557名（有権者の69・5％）の署名を添えて提出。一方、原発設置反対連絡会議が「原発設置反対請願」を5454人（有権者の39・7％）の署名を添えて提出。
10月15日	窪川町議会定例会において、「調査推進に関する請願」を委員長報告どおり採択（賛成14、反対4）、「設置反対に関する請願」は不採択（賛成14、反対3）。
10月17日	原発設置反対連絡会議の代表者会を開き、組織を「原発設置反対町民会議」に改める。25日、緊急幹事会を開き、窪川町長のリコール運動を展開することを決定。
12月11日	原発設置反対町民会議と地区労参加の23の労働組合等により、「郷土（ふるさと）をよくする会」を結成。会長に野坂静雄が就任。
12月22日	解職投票の署名簿を選挙管理委員会に提出（有権者1万3687人中5954人の署名）
1981年（S56）3月8日	町長解職投票執行。解職に賛成する者6332票、解職に反対する者5848票。投票有権者数は1万3462人。投票率は91・66％。町長解職は成立。
4月19日	出直し町長選挙投票日。推進派は窪川町を明るく豊かにする会を結成。藤戸進を推薦。ふるさと会は会長の野坂が出馬。藤戸6764票、野坂静雄5865票。投票率93・30％。藤戸進が再度町長に就任決定。
12月17日	町長公約に基づく「原子力発電に関する学習会」を「行政懇談会」の名称で開催要領を定め、発電所立地可能性等調査の実施予定地点に近い海岸部から開始。1984年1月までに84回終了。しかし、志和・興津郷分の2地区では反対派の声が大きく、未実施。

1982年（S57）	7月19日	「窪川町原子力発電所についての町民投票に関する条例」可決・制定。ふるさと会が提出した、「住民投票条例の制定に関する請願」は否決。
1983年（S58）	1月20日	町議会選挙（定数22名）執行。30人が立候補。結果、賛成派12人、反対派10人が当選。
	4月1日	窪川町、企画課内に原発対策室を設置。
1984年（S59）	4月5日	ふるさと会会長野坂静雄死去。
	4月14日	町長選挙が行なわれ、藤戸進がふるさと会が推す中平一男を破り、三選。投票結果は藤戸進6776票、中平一男5594票。投票率92・17％。
	12月3日	四国電力の平井社長と、窪川町の藤戸町長は、中内知事立ち会いのもと、「原子力立地可能性調査に関する協定書」と「確認書」に調印し、締結した。
1986年（S61）	4月11日	四国経済連合会四国西南開発委員会へ出席した四国電力山口会長は、原発に慎重姿勢をみせ、先延ばしの可能性もあると発言。
	4月26日	ソ連チェルノブイリ原子力発電所事故が発生。
	11月7日	チェルノブイリ原発事故を受け、一時検討を休止していた原発立地調査計画書について、専門家の判断を受けて同意することを藤戸町長が四国電力に通告。
	12月12日	四国電力、「原発立地可能性等調査計画書」を窪川町に提出。
1987年（S62）	2月1日	町議会選挙投票。賛成派12人、反対派10人が当選。投票率92・72％。この結果を、推進派は「事実上の敗北」と判断し、4月24日に会長の美馬健男（県議会議員）が辞任。
1988年（S63）	1月28日	藤戸町長は、「現時点で調査をしても将来の立地時点での適切な判断材料になるかどうかは疑問、立地の見通しが明らかになった段階で対応するのが適当」と述べ、原発問題を事実上凍結、棚上げする意向を表明。あわせて、63年度予算に原発関連予算を計上しないことを明らかにした。翌日、町長を辞任。
		町長選挙が執行され、中平一男が町長に初当選。中平一男6031票、山崎健止4476票。投票率79・31％。
	6月25日	町議会において、「窪川原発問題論議の終結宣言」を可決。

《注》

（13）原発騒動についての記述は、当時刊行された雑誌記事、原発反対運動に参加した島岡幹夫、甲把英一、明神孝行、市川和男、栗原透、國澤秀雄、北あきらの論考、及び関係者への聞き取り調査にもとづくものである。

（14）うち、専業は20・7％、第一種兼業は31・1％、第二種兼業は47・2％であった。

（15）1972（昭和47）年の高知新聞は、「損か得か、この話　海岸売却で論議　窪川町議会　町有林55ヘクタールを1700万円」という見出しで、後に原発予定地とされた小鶴津で、観光開発を名目にする土地買収が進んでいたことを報じている。

志和海岸の小鶴津灘西山の町有林155・3ヘクタールを、須崎市に本拠を置く「坂本観光」が1692万円での購入を申し出た。西南観光ブームを見越して、花木や果樹を植えバンガローなどを設ける計画だった。町森林組合の診断では、この土地は地形的にほとんど山としての価値はなかった（『高知新聞』1972・6・25）。

（16）『高知新聞』1981・3・1朝刊。同じ記事には、以下のような証言が掲載されている。

「あんなに丈夫に作っちょきゃ、安全じゃろ。立地に伴い町には金が入り、道路も建物もようなっちゅう」「地元の人に〃原発は怖いと思わんか〃と聞いたら、〃あんた窪川から来たんじゃろう、どうちゅうこはない〃と笑われた。それで安心した」

（17）1979年の町長選挙については、以下の記事を参照。「私の公約　窪川町長選挙」『高知新聞』1979・1・19。「窪川町長選挙　完勝に沸く藤戸陣営」『高知新聞』1979・1・26。

（18）「完勝に沸く藤戸陣営　窪川町長選挙　3氏に予想以上の大差　〃新鮮さ〃へ幅広い支持」『高知新聞』1979・1・26。

（19）当時知事を務めた中内力によれば、石油危機を受けて原油備蓄量を増やす必要に迫られた政府が宿毛湾に目を付けていることを利用し、原油備蓄基地（ＣＴＳ）の受け入れの見返りに、課題地域としての選定を求めた。課題地域の選定によって、西南中核工業団地、大規模国営農地開発、宿毛湾の重点港湾への昇格などが実現したという。しかし宿毛湾ＣＴＳは高知県漁連の反対運動によって実現しなかった［中内　１９９５］。

(20) 請願署名９５５７人という数字は、窪川町が策定した「窪川町原子力発電所立地問題に関する経過概要」に従った。『窪川町史』では、９５７２人となっている。

(21)「安い電気料金に誘われて企業が進出し、働き場所が増え収入も多くなる」（美馬健男県議）（朝日新聞　１９８１・３・２）。

(22) 請願書は、甲把英一氏所蔵ファイルに所収。

(23) 反対派議員が中心になり、12月町議会で、「原子力発電所設置等に係わる住民投票に関する条例」を提案する。12月18日に6対14で否決される。藤戸町長は、「住民投票の制度は、議会制民主主義を破壊するもの。しかしこれは、決着を直接住民に訊くのは卑劣な手段、執行者としてやるべきではないと思う」と主張している。提案者の一人宮内重延の議会の発言「未来永劫にかかわる少なくとも１００年の大計に立って考えなければならないこの原子力発電所の問題については、やはりまちがいのない判断をするという手段を踏むためにも、まず有権者にその可否の意志を表してもらうということがまず第一の手段であると考えます」を、今井一が伝えている［今井　２０００、21-26］。

(24) リコール投票前の高知新聞報道では、従来反対運動に参加するとみられなかった「保守系」と言われる住民が、「革新系」と言われる住民と共に草の根の運動を展開する点が、全国から「窪川方式」として評価されている、としている（『高知新聞』１９８１・３・３）。保守系と見られる人びとが反対運動に立ち上がった点は、当時から盛んに報道された。共産党代議士だった山原健二郎も、「ふるさとを愛する人々の統一戦線」と評価している［山原　１９８１］。この点について政府・自民党筋は、１９７９年の町長選挙で保守系とみられた二人の候補が保守本流と言えない藤戸に敗れたことによって、保守支持者からの離反があったと分析したとも報じられる。その証左に、保守系候補の一人で、建設会社社長だった熊谷直喜が反対派に回ったことがあげられる［梶野　１９８１］。しかし、藤戸を推した従来「保守系」を自認してきた住民も、藤戸の「変節」によって多数反対運動に参加しており、この見方は一面的とも言える。

(25) 桜内義雄自民党幹事長、中川一郎科学技術庁長官、佐々木義康電源立地本部長、山口淑子（李香蘭）参議院議員、中内力高知県知事などが窪川入りしている。

(26) 伊方調査のテープには、伊方で反対運動を行なう人の言葉として、次のような言葉が録音されている。

私ども12年前に原発が絶対安全だと、心配するな、原発を受け入れたら伊方町は繁栄するわいといわれ、我々は半信半疑で受け入れを承諾しました。それから12年たって伊方町が発展したか、繁栄したか。原発が安全だったのか。答えがでました。あなたがたは不安でいられるかもしれないが、私たちは原発というのをこういうものだという答えをもっています。12年たって、答えが出た伊方町民が3号炉は絶対反対だ、すすめるならリコールをするといっています。

原発がきたら、従業員がぎょうさん７００も８００も雇うそうじゃ。であれば、おらの息子も使ってもろおうと、そういう宣伝をした。伊方の若い町民の期待を煽ったが、必要とされたのは、ほとんどは大学をでた技術者。彼らはみな遠方からきた。実際雇ってもらったのは１８０人くらい。住民が採用されたのはガードマンか洗濯ばあさん。土木工事ですから日雇い労務者での採用はずいぶんとあったけれども、職員としての採用はわずか。みな、失望いたしております。窪川町も希望をもっているひとは幻滅ですよ。

また窪川の人びとが行なった伊方調査については、ふるさと会メンバーによって冊子にまとめられ、町内で配布された。冊子は、［島岡　２０１５］に再掲されている。

(27) 原発反対運動に参加した人びとも、条例の内容が不十分であるとしつつも、原発立地について住民投票で決める条例を制定した点を評価している［島岡　２０１５］［甲把　１９８８］［栗原　１９８８］。また自治省行政課の佐藤和寿は、住民投票は住民が政治に参加する一つの有用な手段であり、地方公共団体の意思決定を検討するための具体的な実践事例として窪川町の住民投票条例を評価すると共に、今後の原発における地方公共団体の役割を考える材料になるとしている［佐藤　1982］。

(28) 藤戸は凍結理由の第一に、「電力需要の動向」をあげている。当時、鉄鋼・セメントの減産強化や、重油価格の低下に伴う紙・パルプ業界の自家発電などにより、80年代後半から電力需要が低迷した。1986年に伊方原発3号炉も着工され、四国電力にとって、窪川原発の必要性は減じていたと言える。

第二章　窪川のむらざとにて
――人びとの生業

代掻きの風景（東又）

伊方：ミカンと原発から考える窪川町[29]

窪川の多くの人たちは原発を受け入れた先の〈未来〉を見に、愛媛県伊方町を訪問した。伊方は、窪川原発を推進する人びとにとっては「原発を誘致することで得られる富を知る場所」であり、反対する人びとにとっては「原発を誘致したことで衰退した場所」であった。

ここで伊方を取り上げるのは、当時の伊方が発展していたのか、衰退していたのか判断を下すためではない。原発と地方を探る論点に〈農政〉という軸を導入するためである。

四国電力や愛媛県、伊方町有力者によって水面下で進められていたと伝えられる伊方原発計画が、初めて明るみに出たのは1969年である。1969年は伊方町にとって如何なる年だったのか。

1960年当時日本の果樹生産は西南地域のミカンと、東北地方のリンゴに二分されていた。価格が低迷したリンゴに対して、ミカンは高値で安定した。1961年、生産性の引き上げによる農家所得の向上をうたった農業基本法農政のなか、ミカンは「選択的拡大」する作物として推奨され、栽培面積の急増と、早期多収の計画密植が起こった。その結果、1967年には国が決めた生産目標は達成され、翌年300万tの生産によって価格の大暴落を引き起こした［柏、坂本　1978］。

ミカンは永年性作物であるため、価格に合わせた需給調整が困難である。収穫するまでも数年を要する。その矢先で、価格の大暴落に直面した生産農家の前に、地域振興の特効薬として原発計画が現れたのである。

このように考えると、原発立地をめぐって主だった産業がなく、出稼ぎの多い地域だから、原発が誘致されたというだけでは不十分であることに気づく。主だった産業がないからこそ、そこを開発しようとする内からの、外からの欲望はいつも存在する。産業がなかったのではなく、国家の誘導を受けて地元が産業を導入しようと目論み、そしてそれが失敗と実感されたときに、原発がやってきた。さらに、1977年、ミカン生産を続ける意思をもった人たちは、海抜50mまでしか配電されていなかった電線を300mの山の上まで伸ばし、ハウス園芸によるミカンの周年栽培を始める。栽培は成功し、10倍の収入を得られるようになる。1977年――、伊方原発の臨界と商業運転開始の年である。

地域が貧しかったから原発を誘致したのではない。農業政策の失敗によって、貧しさを自覚させられた地域が、農業に見切りをつける。あるいは新しい農業を行なう原資を得るために原発を誘致したと考えれば、国策に翻弄されることの内実がより生々しく感じられる。

であるならば、私たちは窪川原発計画を考えるに際しても、単に原発を窪川に建設しようとする国家や資本や、それに呼応する窪川内部の運動だけではなく、電源開発とは違う形で農村としての窪川を開発しようとする国策と、それに対して窪川に生きる人びとが如何に対処してきたのかを探るべきだろう。すると時代の大きな流れや人間の動きだけではなく、農家が育てる豚や牛、米、ピーマン、薬草が、そしてその土壌となる風土の姿が現れる。

戦後の農政と、窪川農業の展開

以下、戦後から原発騒動終結時までの窪川における農業の展開を、農政との関係から整理する。

戦後の窪川は、1960年代の基本法農政、1970年代の米の生産調整による総合農政という大転換に直面しながら、高知県で有数の農業生産地としての地位を確立させていった。各農家は農協や、行政と適宜連携しながら、生産基盤となる土地の耕作条件をふまえて、生産物を選択し、農業経営を行な

ニラ畑

っていた。そして、仁井田米で有名な水稲の産地に、酪農や養豚、ハウス園芸によるピーマン、ニラ、薬草、そしてショウガなど多様な特産品が生まれていった。

窪川の農業についてふれる前に、全国的な状況を整理する。

1961年の農業基本法は、高度経済成長に差し掛かるなかで制定された。これを受けて自立経営育成、選択的拡大、構造改善の三つを農業の進むべき目標に基本法農政がスタートした。高度経済成長のなか、国民の所得が拡大し、所得弾力性の大きい畜産物や果樹、野菜の需要が伸びることが予想された。そのため農業は米作中心から、園芸や畜産の拡大へとシフトしていく。

しかし三つの目標は狙いどおりには達成されなかった。「自立経営育成」については、農業労働力人口を都市へと吐き出す一方で、経営規模拡大は進まず、しかも農家の兼業化が進んでいった。「選択的拡大」については、たとえば温州ミカンに顕著なとおり、需要を無視した生産拡大によって価格の大暴落を引き起こした。また家畜の多頭化を達成するため、輸入飼料に依存する畜産経営が主になっていった。「構造改善」は、土地の区画整理や灌排水の整備によって農業生産の向上をもたらす一方で、住宅地としての転用も促進し、地価の高騰を招いた［柏、坂本 1978］。このような基本法農政の問題について、坂本慶一は後に論じる、窪川町農村開発整備協議会

（以下、整備協）が主催する里づくり講演会で次のように語っている。

昭和36年に基本法農政が発足しました。これは農地改革による自作農を更に自立経営にして行くという方向です。しかし、『戦後農政の再検討』という本の中で、検討しましたが、いろんな面で基本法農政はうまく行かなかった。たとえば、選択的拡大があまりに進み過ぎて、今度は過剰になった。米も過剰、ミカンも豚肉も鶏卵も過剰、ところが一方では飼料がものすごく不足となった。大豆も不足だ。こういうアンバランスが出て来た。そうして自立経営が育成されたかというと、ほんの6パーセント位しか出来なかった。そこで最近政府は、中核農家の育成という方向を進めておりますが、同時に又、地域農政を推進せざるをえなくなったということです。個別化だけではだめだ、やはり地域のエネルギーを結集して行かなきゃいけないというわけです。その中で中核農家を育成するというもう一つの奥の手が、政策の側にはあるのですが、ともかくそういう中で生まれて来たのが、地域農政という言葉です。しかし、政府が地域農政を言い出すちょっと前ごろから地域主義ということが進められるようになったわけです。［坂本　１９８１、16］[30]

豚舎

坂本の指摘を先取りするように、窪川では整備協が１９７６年に刊行した『窪川町農村空間整備構想計画』において、個別完結型経営と単一作物の面的拡大という方向を転換し、地域完結型多角経営を地域農業全体のシステム化のなかで確立する必要があるという展望を示している［窪川町農村開発整備協議会事務局　1976］。この点については、後に詳述する。

窪川の農民たちは、温暖な気候や豊かな土壌、四万十川を始めとする河川がもたらす豊富な水の恩恵を受けながら、その折々の農政が誘導する流れに翻弄されることなく、さまざまな農業の形を生み出してきていた。戦後まもない時期には、「土佐のデンマーク」を合言葉に乳牛が導入され、有畜農家の創設が図られた。基本体制成立時期から窪川では、米プラスアルファによる個別完結型経営が目標とされ、子豚生産、ピーマンの加温栽培がなされてきた。

原発騒動が起こる前の窪川農業において、もっとも大きな問題は1970年に始まる米の生産調整だった。1971（昭和44）年12月、当時窪川町農協組合長で、後に窪川原発反対運動の連絡組織であるふるさと会会長に就任する野坂静雄は、一割減反が計画される米の生産調整について、米の生産過剰を農民の責任とする世間一般の考えに苦言を呈したうえで、食管制度を維持するためには生産調整を認めざるを得ないとし、次のように語っている[31]。

本音をいえば本町は米の単作地帯だから減産はしたくない。ことし米から飼料作物、生姜、アカメイモ、などへ部分的に転換をはかっているが、面積でみれば、ごくわずかで、転換の効果は上がっていない。将来の展望に立てば、米から畜産中心へ営農形態を変えてゆくべきだが、当面、作物に何を取り入れるべきかといわれても、米以上に安定した自信の持てる作物は見当たらない。結局、転換奨励金の額がカギになるだろう。本町の場合は、農業共済の補償基準にしろ農業統計にしろ低く押さえられているので、そうしたものを算定基準にとれば転換を進めることはむずかしくなる。これからの農政に望むことは、農業近代化にもっと力を入れてほしいということだ。それにはまず大規模な基盤整備が急がれる。現在のようなこま切れの田んぼでは規模拡大も機械化も進めようがない。いま一つは、米に限らず農作物全般の自給体制を確立することだ。米を減産することが〝総合農政〟とみられているが、場当たり的な政策ではなく、農産物の生産目標、生産地域の分担など基本的な問題に取り組んでもらいたい。(32)

農協組合長の職にあった野坂の認識に示されているように、窪川では、米の生産調整に直面するなかで、米の減産を目的にせず、積極的な転作策をとる。つまり、転作を逆手に取り、ショウガやピーマン、ニラ、イチゴ、薬草など所得性の高い野菜や工芸作物を積極的に導入する一方で、飼料作物を作付け畜産の拡大を図った。その結果、90年代の初めまで、生産農家の所得は向上していった。

以下、河野直践の調査によりながら、整理する[河野 2002]。

転作作物の中心は、ショウガだった。昭和54年の水稲稲作面積は386ha、実施戸数1425戸、その主な作物は野菜50%、飼料作物27%、豆・雑穀で12%であり、野菜のなかでショウガは76%(全体の38%)を占めている。1980年からは高知県内での作付けは1位を堅持し、水稲と並ぶ特産品となった。(33) 作付面積は1970年に4haが、1980年に163ha(粗生産額5億9700万円)、1990年に106ha(12億1300万円)となっている。ピーマンは、興津地区を中心に施設栽培された。これも1980年には作付面積(粗生産額)12ha(4億2500万円)、1990年に17ha(676億円)になった。同じく、ニラは1977年から栽培が始まった。最初は露地栽培だったが、次第にハウス栽培

表　窪川町の主要特産物の盛衰（河野2002）より引用

（ha、100万円、戸、頭または羽）

年		1980	1985	1990	1995	1999
ショウガ	作付面積	163	261	238	106	110
	(粗生産額)	597	779	1,213	608	
ピーマン	作付面積	12	15	17	20	21
	(粗生産額)	425	523	676	884	
ニラ	作付面積	1	5	13	27	22
	(粗生産額)	18	49	220	437	
薬草	作付面積	50	100	79	49	0
	(粗生産額)	175	315	208	142	
イチゴ	作付面積	3	2	5	6	2
	(粗生産額)	54	57	99	246	
葉タバコ	作付面積	81	53	20	23	29
	(粗生産額)	323	231	106	132	
ユリ	作付面積	3	3	4	3	5
	(粗生産額)	78	111	146	118	
乳用牛	飼養頭数	1,400	1,260	1,100	866	
	飼養戸数	107	64	52	31	
	(粗生産額)	218	166	416	245	210
肉用牛	飼養頭数	1,020	1,650	1,890	1,870	
	飼養戸数	104	129	72	37	
	(粗生産額)	639	633	465	400	360
豚	飼養頭数	19,600	28,200	32,300	35,800	
	飼養戸数	142	66	32	16	
	(粗生産額)	1,084	1,819	1,689	1,686	1,120
ブロイラー	飼養頭数	13,500	87,300	95,000	X	
	飼養戸数	3	4	4	2	
	(粗生産額)	240	328	279	166	170

注：99年の作付面積は概算。Xは統計上数字が伏せられているもの。
資料：窪川町農業振興課資料と、「生産農業所得統計」より河野が作成。

となった。作付面積は1980（昭和55）年に1haだったのが、1990年に13ha（1億420万円）。イチゴは1972年から栽培が始まり、作付面積（粗生産額）は1980年に3ha（540万円）、1990年に5ha（990万円）、1996年に6haでピークを迎えるが、1999年には耕作者の高齢化によって2ha（86t）に減少している。薬草は1983年にセリ科の多年草ミシマサイコの栽培が始まることで作付けが広がった。1980年に作付面積（粗生産額）は50ha（1億7500万円）、1990年には79ha（2億800万円）に達したが、1999年に製薬会社との契約が売り上げ減によって打ち切られ、栽培はなくなった。動物性たんぱく質の需要増加に伴い、養豚、肉、乳用牛、養鶏等はかなりの伸びを見せるなか、減反政策を逆手に取る形での飼料作物の自給も拡大している。[34] これは先の坂本の基本法農政がもたらした輸入飼料依存からの脱却を企てたものと評価できる。

原発反対運動に参加した農民たちの生業戦略

以上の窪川における農業の展開をふまえたうえで、原発反対運動に参加した農民たちがこの土地で生きていくための方法を編み出していく過程を記述していく。

すると次の点が明らかになる。

一つは原発騒動が勃発するまでに、農政や市場の動向を読み解きながら、農民たちそれぞれが生産基盤――この土地に根ざして生きぬくための方法――を確立しつつあった点である。もう一つは生産基盤を確保するなかで、農民それぞれの生きざまが浮かび上がってくる点である。それゆえ、過疎化や高齢化の特効薬として原発を受け入れることが、自身の生産基盤を確保してきた彼らにとって如何なる意味をもっていたのか考察する必要が出てくる。そのうえで、彼らが原発に反対する「近代的な市民」「自立した市民」になったというよりも、農民として原発計画に対峙し続けたことの意味を探りたい。

「国や電力に対してわやにするな、と思った」：稲作、イチゴ施設栽培　西森義信

西森義信は1953（昭和28）年に、旧東又村数神の農家の長男として生まれた。中学を卒業すると、家を継ぐことへの反発から普通高校に入学した。しかし、親戚一同に説得され、高校卒業と同時に就農することになる。1971（昭和46）年のことだ。その頃の家の経営は、稲作が2ha。子豚市場で仕入れた子豚を、庭先で残飯を餌に肥育していた。当時は、稲作1haと庭先養豚をしていれば、十分に暮らしていける時代だった。西森が就農する時期に始まった生産調整を受け、30aの転作地に施設を建てて、イチゴを栽培し始めた。原発騒動が終結してからは、洋ランの生産にも挑戦している。

就農した後も、西森は農家の青年組織では活動しなかった。その一方、農家ではない同世代の若者たちで「窪川渓流会」というサークルをつくった。1979（昭和54）年のことだ。メンバーはアメゴ釣りが好きで、田舎の良さを分かった人びとであり、町役場や農協の職員、喫茶店のマスターなどさまざまな業種の人びとだった。原発騒動が起こるなかで、渓流会は釣り好きの集まりから、次第に四万十川の水と土を考える集まりになっていった。そして、渓流会として原発反対の姿勢を打ち出すようになる。[35]

原発計画が表面化していくなかで、西森は一貫して原発に反対の立場だった。政治家が考えるほど原発は安全なものではなく、廃炉の仕方もまったく考えられていないのが問題と考えていたからである。

西森の周りで、最初に動いたのは推進派だった。町民に呼びかけて、伊方への招待旅行が始まり、その後部落総代を通して、原発立地調査推進請願の署名が回るようになった。西森の集落の人びとも、署

西森義信への聞き取り。中央が筆者

名というのはいいものだから、とにかく書かなければいけないと署名していった。しかし、西森は署名を断った。原発設置反対署名が始まると、西森はそれを持って集落を回った。調査推進請願に署名した人たちが、今度は原発設置反対の署名に協力してくれた。

この頃に反対運動の街宣活動や学習会が始まっていった。

町議会で反対請願が否決されると、西森は精力的に反対運動の街宣活動をしていた島岡幹夫を、島岡の住む本堂の集落まで訪ねた。西森は、島岡に「まだ一ラウンド負けただけだ」と語った。島岡も同じ想いだった。家が近いこともあり、西森は島岡と行動をともにするようになる。後に西森は、ふるさと会の事務局員となり、町長リコール成立に向けて、窪川町内を学習会や街宣活動で駆け回った。

この辺の人は原発が何か分からない。みんな都会にしたかったのだろうね。虚像をおいかけていた。伊方にいったら大きな立派な建物だった。公民館も診療所もいい。原発を受け入れると、懐にお金がはいってくると思っていた。そんなことは絶対にありえんけど。それぱっかり宣伝するけど、それが何なのだ。自分は田舎だからこんな生活できると思っていた。貧しい地域として窪川に原発を押し付けようとする電力や政府に対して、わやにするな（馬鹿にするな）、と思っていた。[36]

リコール投票の勝利の後、出直し町長選挙でふるさと会の候補である野坂が破れた。すると反対運動参加者は落胆し、運動から離れていく人たちもいた。一方で、推進派はゴリゴリ固まっていった。

その結果、お互い言うことは聞かないという形になった。自分はちゃんと話をするべきだと思った。しかし、いがみあいだけになった。原発が出来る前から被害がある。この町の歴史にもないような対立がおきる。部落で何かやろうとしても、推進、反対で分かれてしまう。一つの行事でも完璧に分かれる。誰が熱心な推進派で、消極的な推進派で、誰が熱心な反対派かが分かる。態度を明確にしていない人も、時間をかけていれば、分かってしまう。人の価値すら、推進か反対で考えるようになってしまう。

しかし、原発計画は頓挫する。窪川は、伊方など原発を受け入れた地域と違い、一次産業が豊かな土地であり、原発を跳ね返す馬力があった、と西森は考えている。むらの分断について、西森は言葉を続ける。

村内に持ち込まれた推進・反対の分断が、いまここまで修復するとは正直思わなかった。やはり町議会が全会一致で原発終結宣言を出したのがよかった。「原発論議を終結する」という条文は玉虫色と言われマスコミからも批判されたが、それでよかった。一般の町民は終結宣言で原発問題は終わったと思ったのだから。

西森の言葉は、窪川外部の人間があいまいな結末をもたらしたと評価する「原発終結宣言」が、地域に生まれた亀裂を修復するための窪川の人びとの知恵であったことを気づかせてくれる。

さらに西森は、原発反対運動に参加した人たちが、同時に農民として、地域人として日々を暮らしていたことを教える。

原発反対運動に参加しているとき、家の農作業は両親に任せていた。当時はまだ、父も母も若かった。ある冬の夜、町議選挙の応援のために地域を回っていた。夜遅くになって帰宅した。翌朝、父親から昨晩イチゴのハウスのドアは閉めたのかと言われた。血相を変えて、ハウスまで走った。もし閉まっていないなら、イチゴは全滅してしまう。走りながら、「なんで教えてくれなかったのか」と、叫んだ。幸い扉は閉まっていた。ほっと安堵しながら、これじゃあまずいと思った。自分の生活を犠牲にしてまで反対運動につっ走るべきなのだろうか、と思った。まずは家の経営をしっかりやらねばと。

原発反対運動をやることで、生活が壊れた。それくらいの運動だった。結局、原発計画がきたのは、町にとっても、住んでいる人たちにとっても不幸。あのすごいエネルギーをそれぞれ使えたら、もっと違った暮らしがあり、地域になっていたと思う。結果的に反対運動というのはつまらない。反対運動はゼロをゼロにするための運動であり、うまくいかなければマイナスにもなる

作物を全滅させるかもしれないほど駆け回っていたことに涙した西森は、反対運動に身を捧げるその手前で踏みとどまり、農業経営に向っていく。それは生活を完全に破壊されないように原発反対運動を闘い抜くための積極的選択だった。

「基盤整備は金がいくらあってもできない。金がなくても地域のまとまりがあればできる」

∴多角的経営　河野守家

河野守家は1947（昭和22）年に旧東又村勝賀野に生まれた。窪川高校農業科に入学する頃から、実家の農業を継ぐことを考えていた。実家は稲作単作だったが、1966（昭和41）年に就農した河野は、庭先養豚と葉タバコ、後にショウガの栽培を始める。養豚の規模拡大を考えている頃、農業科の先輩・同級生ら6人とともに1972（昭和47）年に乳用牛の牡牛の肥育経営を行なう共同組合ビーフキャトルを設立した[37]。牛の販売方法は庭先取引か市場でのセリ売りで、価格は不安定だった。ビーフキャトルは、高知市の量販店と「生産所得保障方式」による牛枝肉の産直販売を始め、中間経費の削減と、定期出荷による計画にもとづく生産による経営の安定化を図った［窪川町史編集委員会　2005、611］。1974（昭和49）年には、農業組合法人に改変する[38]。

消費の現場と直接つながることで、牛の育て方も変わっていった。当初、ビーフキャトルでは、穀物

を主とする濃厚飼料を購入して飼養していた。牛を効率的に肥育させるためだ。しかし、河野らの屠畜場の経験が肥育方法の見直すきっかけとなる。

ト場で自分たちの育てた牛の内臓を見てびっくりした。肝臓は肝腫瘍になり、胃はかい瘍と内臓はどろどろという事もあった。肥育とは内臓を痛める事であるとさえいいきる人もいる。むりやり肉に脂を付けるのである。問題はこうして飼われた、いわば病気の牛を、消費者が、自分が、家族が、人間が食べているという事である。味も決して昔の様な牛肉のほんとうの味ではないのではなかろうか。私たちが、少しでも消費者が安心して食べられる、そしてそれが本当に栄養になる健康な農畜産物を生産しなければ、日本の国民の体は大変な事になるのではなかろうか、食品を生産している農民にもその責任があるのだ。

私達は、それからは、飼料も牛の健康を考え自家配合に切り替え、労力はかかっても少しでも中味のわかった配合にし、しかも醗酵飼料という特殊な方法で与えている。［河野　1980a、15］

産直をやっていたことで、自分たちの生産する牛肉の安全性について意識するようになった、と河野は語る。

原発計画が持ち上がった当初、河野は特に意識はなかった。四国電力が主催する伊方見学にも参加していた。反対の立場で動くきっかけは、原発立地反対請願の際、ビーフキャトルの事務所に島岡幹夫がやってきたからであった。ビーフキャトルは、酪農家である島岡家からも子牛の牡を購入していた。島岡はビーフキャトルのメンバーに対して、原発の危険性を説き、それが生命を生み出す農業と相容れな

河野守家

い、と3時間以上にわたって語った。島岡の鬼気迫る説得を受けて、河野をはじめとするメンバーは原発反対の活動を始めた。そしてビーフキャトルメンバー6人は、島岡とともに、リコール投票直前の１９８１年2月5日に伊方を訪問し、そこで調査結果を「伊方調査報告」にまとめた[39]。

リコール投票や出直し町長選挙に際して、河野はふるさと会松葉川支部として動き、松葉川地区内各地で学習会を開いた。１９８３年の町議会選挙で、河野はふるさと会候補として立候補している。しかし、河野はふるさと会のメンバーというよりは、原発に反対する青年の集まりの一人として運動に関わるという意識をもっていたという。そのため、議員に当選したときも、ふるさと会の野坂代表に「僕がふるさと会を支持したのではなく、ふるさと会が僕を支持したのだ」と語った。1期4年間の任期中は、住民投票条例を実体のあるものにするべく尽力した。河野自身、原発に絶対反対の立場ではなく、じっくり学習会をしたうえで、住民投票で賛否を決するという立場だった。

河野は、自分の農業経営において、農政からの補助金をあてにしないようにしてきた。養豚、肉牛肥育、ショウガ生産、そして１９８９（平成元）年からはビーフキャトルの仲間と共同で観光物産の直売所を国道沿いに開くなど、市場や消費者の動向を睨みながら臨機応変の対応をした。地域の開発についても、「それぞれ集落独自の問題を掘り下げ、文化、環境、農業経営等の経済の長期構想計画を立て、その計画実行で、官製の地域開発の事業を利用、設立をもとめていく［河野　1980b、27］」という、あくまで住民の内発的な開発を重視する考えをもってきた。このように、河野自身自分たち戦後世代が考えていたことは、先輩世代が主導した窪川町農村開発整備協議会の哲学に通じるものがあったと考えている。

自身の原発反対の論理についても、地元集落の基盤整備を引き合いに出しながら、次のように説明している。

基盤整備は、地域がまとまらないと国や県からの補助金がいくら入ってもうまくいかない。逆に補助金がなくても、地域がまとまっていればうまくいく。同じことは原発についても言える。(40)たとえ見返りに補助金がたくさん下りるとしても、地域がまとまらなければ何もうまくいくはずはない。

河野の言葉は、多額の補助金がもらえることと、地域をまとめることとは別の論理であることを教えてくれる。

「地元の名前を出して、豚が売れなくなる」：養豚農家　渡辺惟夫、渡辺典勝、佐竹貞夫

窪川町では、昭和30年代（1950年代中頃）から畜産が盛んになり、昭和40年代には畜産の町と呼ばれるようになった。当時は稲作と畜産の複合経営が多く、特に子豚生産が主であった。多くの農家が庭先で豚を飼った。当時の農業所得は母豚1頭の収益で稲作1反分に匹敵する所得があった。窪川で養豚業が拡大したのは、町内（旧東又村黒石）に1925（大正14）年から1969（昭和44）年まで畜産振興機関の高知県立種畜場があったことによる。1960（昭和35）年には、東又農協が子豚市場を開設し、毎月3回市場を開いた。1962（昭和37）年頃からの最盛期には子豚1頭3万円の値をつけた。窪川農協も畜産課を配置し、農家への支援体制を強化した。

1959（昭和34）年には、窪川町内4人の農業経営者が中心となって、静岡県から種豚（中ヨークシャ種）を導入した。1961（昭和36）年にスウェーデンからランドレース種を、1972（昭和47）年には、アメリカへ直接買い付けに行き、ハンプシャー種・デュロック種を導入した。一代雑種を含めランドレース、ハンプシャー、デュロック種の三元雑種を系統的に行なうなかで、窪川ポークのブランドとしての知名度は高まっていく。

高度経済成長によって消費者の購買力が上がり、肉の消費が拡大するなかで、養豚が窪川の農業生産の中核を担っていく。1965（昭和40）年頃には、東又の子豚市場には県内各地から子豚が集まり、月間出荷2000頭を超す取引となった。設備の改善も行なわれるなか、1975（昭和50）年頃には月間3000頭を超え、西日本を代表する子豚市場となった。生産者は窪川町農協内に養豚部を組織し、子豚生産から肥育までの一貫経営が浸透していった。1972（昭和47）年の農協の豚の販売実績は、子豚が3億1357万円、肉豚が3億2621万円となった。原発騒動が始まる1980（昭和55）年には、子豚が3億6000万円、肉豚で9億3100万円となっていた。[41]

窪川に中ヨークシャ種を導入した4人の一人である、渡辺惟夫は海岸部の集落・志和で農民たちが暮らす郷分で稲作、畑作と複合した子豚養豚を行なっていた。養豚は当初は肥料を得ることが目的だったが、子豚が儲かるようになるなかで養豚専業農家となった。原発騒動当時、渡辺家の養豚は親豚300

頭、子豚を含めて3500頭の経営になっていた。1956（昭和31）年生まれの息子の典勝も、高校時代から養豚を継ぐことを決め、日本大学の獣医学部に進学した。

原発騒動が表面化したのは、典勝が大学を卒業し窪川に戻る頃であった。原発予定地は志和から3㎞に満たない鶴津地区であった。渡辺惟夫は自宅の近所に原発ができると、地元の名前を出して売れなくなることを強く危惧し、原発反対運動に参加した。養豚専業の体制を確立し、後継者も戻ってきたところにやってきた原発計画は、自らの営農努力に水を差すものに映ったのだろう。原発立地の膝元であり、推進派と反対派が真っ二つに分かれた志和地区の中で、渡辺は臆することなく原発反対の声をあげた。実際、郷分の農民たちには当初から原発反対の声はあったが、浦分の漁民たちには漁業補償金を期待する声も強かった。

志和郷分の養豚農家、渡辺典勝

渡辺は元々自民党員だった。しかし、原発反対運動に合流したのをきっかけに除名された。渡辺はふるさと会に参加し、常任幹事に名前を連ねた。1983（昭和58）年1月の町議選挙には、ふるさと会候補として立候補し、当選した。1987

（昭和62）年の選挙でも再選され、原発騒動終結を議員として見届けている。

典勝も運動に参加し、地元で開かれる学習会にも積極的に参加した。学習会を通じて、漁業補償金は一時的なものに過ぎないことを知った。リコール運動の頃は同世代の若者と街宣車に乗り、窪川町内の隅々まで走りまわった。その頃になると、志和の同世代の農民も、漁民も反対派が多くなっていたという。賛成に回っていたのは、団体の「長」の付く人だった。そのため、町の力のほとんどが原発に向けられてしまった、と典勝は考えている。

志和の地域内では、志和漁協組合長を務め、町議会議長も務めた中野加造ら漁協関係者が多かった。ブリ大敷をはじめ、漁業不振をどうにかしたいという思惑があったのでは、と典勝は考えている。実際、漁では食べていけないという雰囲気が漁民の間でも広がり始めていた。一方、志和郷分では渡辺を中心に反対派が大勢を占めるようになり、１９８３（昭和58）年には、志和郷分総代の諏訪芳則が郷分総会の決定として、「原発は安全性も確立されておらず、不要である」「そのため地質・海洋などの調査及び説明の必要もない」「住民投票条例も罰則無く何の歯止めにもならない」の３点の決定をふまえて、原発学習会の開催を拒否する旨、藤戸町長に対して通告している。(42)

四国デュロックファームは、１９７２（昭和47）年に渡辺を含む８名の養豚農家の出資によりデュロック種の子豚の生産農場として立ち上がった。出資した農家が子豚からの一貫経営に移行するなかで、農協職員として農場立ち上げを担当した佐竹貞夫が、１９７９（昭和52）年に、会社を継承する。最初は母豚20頭からのスタートだった。

佐竹は１９３８（昭和13）年に東又村に生まれた。近くの地区に住んでいる島岡和子とは、物心ついた頃からの仲だ。父親をアジア太平洋戦争で亡くした佐竹は、子どもの頃から一家の代表として地区の会議に参加していた。窪川高校農業科に進学し、ここで島岡（当時坂井）幹夫と同級生となった。卒業後は就農し、東又地区の青年団として、和子らと一緒に活動した。やがて家に母親を残し、大阪市此花区に出て港湾労働に従事した。初任給平均1万5000円の時代、一カ月で7万5000円稼いだ。楽しくてしようがなかった。しかし、実家に残った母親が跡取り息子は家に戻ってほしいと願い、旧友である島岡が佐竹を職員にするように農協組合長に頼んだ。そして、佐竹は農協職員として窪川に戻ることになった。畜産の部署に配属され、担当したのが養豚の導入指導だった。4年間農協職員として勤務し、その後佐竹は四国デュロックファームの立ち上げに参画する。

原発騒動は、佐竹が農協から独立し、1979年にデュロックファームを継承した頃に起こった。佐竹は原発反対運動に参加した。「百姓のところに原発はいらない。サラリーマンは逃げられるが、百姓は逃げられない」という思いだった。妻の裕里も佐竹とともに原発に反対した。彼女には、反対運動に参加した人びとの語り草になったエピソードがある。リコール運動の際、藤戸町長は佐竹の住む集落の近くで街頭演説を

佐竹貞夫（右）

行なった。藤戸が原発のもたらす町の経済効果をひとしきり話した後、子どもを負ぶいながら演説を聞いていた裕里が、藤戸にマイクを求めた。若い主婦からの応援演説と考えた藤戸が裕里にマイクを渡すと、彼女は「今までしゃべった町長の話は全部デタラメです。皆さん、だまされないでください。養老院や保育所の横へ墓をたてるようなもんじゃ」と語り始め、原発は窪川にいらないことを延々と演説したという。同じように、佐竹の母もリコール投票や、町長・町議選挙の際には原発反対派への投票を呼びかけるために、集落を一軒一軒回った[43]。

自分たちの力で「窪川ポーク」をブランドとしてつくりあげていった渡辺、佐竹にとって、「窪川原発」はまさしく自分たちが築いたブランドに泥を塗るものでしかなかった。

「牛のクソのにおいがする軽トラックが野菜をつんで行きかう町」：長谷部高値

長谷部高値は1925(大正14)年に窪川町東川角に生まれる。海南中学を出た後、明治学院中学を経て、陸軍士官学校に六十期生として入学する。戦後、長谷部は1948(昭和23)年から窪川町内の小学校、中学校の教員を歴任した。1971(昭和46)年に教員をやめると、窪川町議を務めながら1・5haの土地で稲作と野菜の露地栽培を行なった。

当時の長谷部は次のように語っている。「県下有数の農業地帯でありながら、出かせぎ者が絶えないのはいまの農政を象徴しているんじゃないですか。米プラス出かせぎでは土が死んでしまいますよ。米つくりは肥料と農薬でどうにかごまかしがきく。だから、米ばあ作って、収穫が終わると稲ワラをパアッと焼いて出て行く」。「それに、消費経済が浸透してきて、農民の気持ちの中に根性がなくなった。早い話、キュウリの価格が低迷を続けると、翌年は作付けがガタッと減るし、それよりも出稼ぎに出たほうがましというわけですよ。もちろん農機具代に追われる面もありますが。堆肥をつくる土づくりに全愛情を注げば、いずれその見返りがあるとの考えを忘れて、日銭いくら?をすぐ頭にうかべるようになってきました[44]」

米の生産調整が進むなか、米作中心から脱却しようとする声の高まりを受けて、長谷部は1974（昭和49）年に自分の暮らす町内平串の農家と平串露地野菜生産部会を組織し、白イボキュウリを導入した[45]。また1979年12月には窪川町内で青果物を集荷する生産者、青果物仲買人、小売商店と80人とともに地域内流通を確立させるため、窪川中央青果市場生産出荷組合を設立し、代表となっている［長谷部 1980a］［長谷部 1980b］。1983（昭和58）年長谷部は、窪川町で初めて薬草ミシマサイコを導入した。ミシマサイコは、2、3月に種をまき、夏の間は追肥や草取り、せん定を行なう。収穫時期は11月から3月と長く労力が分散できること、米などの農作業が忙しい時期に労力がかからないことなどから、高齢者にも栽培がしやすい転作作物として普及した。1985（昭和60）年からは大手製薬会社と契約栽培になり、価格が安定していることも普及を後押しした。ピーク時の1991（平成3）年には、窪川町内で300戸以上の農家が合計100ha以上の水田で栽培していた[46]。

長谷部は人望があった。農業指導者であるばかりでなく、教員時代は勤評闘争や後に論じる興津事件に関わった。町議になってからも、窪川中学校統廃合問題で反対派の中心人物として活動した。1979年の町長選挙では、共産党を中心に結成された民主町政をつくる会の町長候補として立候補している。長谷部は、原発をつくって町の財政を豊かにしようという考えを、窪川町を農漁村として豊かにしていこうという町民の〝村づくり〟の意欲をそぐものとして批判し、自然と条件にみあった、地味だが力強い〝村づくり〟をすすめる町政が必要と訴えている。共産党の衆議院議員山原健二郎は選挙ビラで長谷部の「牛のクソのにおいがする軽トラックが野菜などの農産物をつんで行きかう町」「いつも大漁旗をなびかせた漁船が入港して活気づいている町」「そのなかで生き生きと働く青年の町」という言葉を紹介している[47]。

若者が生き生きと働く町を夢見た長谷部は、同時に老人が働き続けられるような町を目指していた。

「家族どうしがいがみあうのがいやだった」：酪農家　田中哲夫

田中哲夫は、1934（昭和9）年に旧窪川町若井川に生まれた。窪川高校農業科へ進学したが、次第に古代史に興味をもち始め、普通科へ転科した。高校を卒業すると就農し、祖父母とともに農作業を始めた。田中は父をビルマ戦線で亡くし、家業を継ぐ必要があった。

家の経営は米が1・8haのほかにイモ・ムギの畑と山林があった。出征前の父親が植林したのに加えて、1950（昭和25）年頃にヒノキを植林した。農閑期に近所の人たちは炭焼きに出ていたが、祖父が農協の理事をしていた田中の家は炭焼きに行かなかった。

田中家は、1953（昭和28）年に一頭のホルスタインを入れた。もともと飼育していた赤牛とともに農耕用に使い、搾乳はしなかった。耕運機が導入されるようになると、家に牛は一頭もいなくなった。本格的に乳牛を飼うのは、農協による山地放牧酪農導入の指導が始まった1961（昭和36）年頃である[48]。次第に頭数が増えて、1970年代後半には20頭になった。米の生産調整が始まると、ほ場の半分は飼料作物を植えた。それに加えて8月下旬に稲刈りが終わった田にはイタリアンライグラスを播き、田植え前に刈り取っていた。しかしそれでも足りなくなると、周年のイタリアンライグラス畑に転作した田んぼもあった。

田中が初めて原発を意識したのは、隣町の佐賀町に原発が計画されたときのことだ。このときは、窪川に関係ある話とは思わなかった。子どもの通う若井川小学校のＰＴＡでは、四国電力の補助を受けて伊方原発見学が計画されることもあったが、窪川が計画地になるとは思わなかった。

原発計画が表面化してくると、田中は反対運

田中家の牛舎の屋根裏にあった、原発反対派の看板

若井川。山地酪農の風景

動に参加するようになった。しかし、積極的な参加ではない。当時のことを田中は次のように語る。

正直にいえば、自分には原発を受け入れずに、一次産業だけでやって行ける自信はなかったのじゃないだろうか。反対運動にも何だかわからないまま、流れの中で参加していた。親戚どうしがいがみあうのがいやだった。他の家では、推進と反対で亀裂が生まれ、年祭りや家の行事も満足にできないということがあったが、自分の家ではそれは避けたかった。息子が同級生と一緒に熱心な反対派として動いていたので、自分は反対派になった。そういう人が多かったのじゃないだろうか、と思う。[49]

そんな田中は若井川地区のふるさと会の推薦を受け、町議選に立候補する。親戚が多かったので、票が集められると考えられたのだろう、と田中は語る。１９８３年の町議には落選したが、１９８７年の選挙では当選した。

反対運動に参加する自分を支えたのは、野坂をはじめとした長老たちだった。

長い闘いの中で、野坂会長や、口神ノ川の谷脇溢水さんら年のいった人たちが地道に活動していたのが大きかったんじゃないか、と思う。そんな地道に働いた人のことが、今、あまり語られていない。そういう人たちの存在を一番大きく感じたのは、迷ったときに、自分たちの話し相手、相談相手になってくれたときのことだ。自分もいろいろ話をしにいって、様々な助言をもらった。選挙のときも、地区の年寄りのところを連れて回ってくれたり、支持者を固めてくれた。野坂さんや、谷脇さんといった人たちが、何で反対していたのか、本当の理由は分からないが、一つには農業でやっていくというのがあったんじゃないだろうかと思う。原発に頼らんで農業で何とかやっていくというのが、頭の中にあったんじゃないだろうか。

穏やかに、控えめに語る田中は、聞き取りの最後に妻のことをねぎらった。

最後原発騒動の頃、自分は家を空けることが多く、牛の世話を妻に任せてしまった。そのため、妻の腰は曲がってしまった。どこの家も女性に負担をかけていたと思う。

若くして家族を背負って酪農に打ち込んだ田中は、家族を分裂させないように、反対派として動く息子に従った。

「酪農婦人の結束」：酪農家　島岡和子(50)

島岡和子は旧東又村本堂の島岡家の三女として、1936（昭和11）年に生まれた。窪川高校普通科を卒業したあと、実家の農業を手伝った。21歳の頃、指導者の講演に感動して、北海道根釧の開拓村の保育所や製材所の事務員として2年間働いたこともある。窪川に戻ってからは、父母の酪農を手伝い始めた。実家を継ぐ以上、しっかりした収入を得て、50歳で退職できるような経営を目指そうと思った。父親の千代亀はもともと役牛となる土佐赤牛の種牛と雌牛を数頭飼い、子牛が産まれたら売った。1951（昭和26）年頃に、島岡家では旧東又村で最も早い段階で乳牛を2、3頭ほど導入した(51)。

1963（昭和38）年に窪川高校で2学年下の坂井幹夫と結婚する。島岡家に坂井が婿として入った。

両親から独立するために、もともと5頭いた乳牛をさらに5頭増やした。1958年に県の誘致によって明治乳業の窪川集乳所が操業を開始し、高知市などの消費地への生乳の販売が開けるなかで、窪川町内全体で酪農家数も乳牛頭数も増加していった。1950（昭和25）年に結成された高南酪農業協同組合には、全酪農家が加入し、生産と販売を強力に進めた。

1967（昭和42）年から1971（昭和46）年まで、幹夫は稲作が終わるとほぼ半年、大阪や岐阜に出稼ぎに出て行った。その間も、和子が酪農を支えた。幹夫は出稼ぎをやめると、牛を増やし、田んぼを借り増した。1980（昭和55）年には、乳牛は25頭になっていた。生産調整が始まるなかで、飼料畑を増やした。転作奨励金も一定額になった[52]。また乳用牛の牡牛の肥育がブームとなり、牡の子牛も1頭15万円で売れた。その一部は河野らが運営するビーフキャトルに引き取られていった。

和子は牛をいたわる畜産を目指し、厩舎も糞をなくして清潔にした。不測の事態がないように、「牛に滅私奉公した」。20時になっても、22時になっても畜舎にいて、時間があれば全部の個体のマッサージをし、ビタミンを飲ませ、すねの傷には薬を塗った。夏の暑いときには、冷えた毛布を母牛にかけて、冬の寒い時期には息子の子どもの頃の浴衣を着せた。子牛には必ず母牛の初乳を飲ませた。博労は島岡の子牛はみな優秀だと評価した。博労が牛を蹴ると、和子は「二度と蹴るな」と叱りつけた。乳を出さなくなった廃牛を引き取りにくるトラックの運転手は、和子が悲しむ姿を見るのが耐えられないといって、島岡家に来るのを嫌がった。獣医がもうあきらめましょうといっても、和子はもう一回といって、マムシ酒を飲ませたり、ビワの葉の水をかけたりした。牛たちも家族だった。

母親の喜久子の後を受けて、和子は高南酪農業協同組合婦人部長にもなった。当時進行していた多頭化はただでさえ忙しい酪農婦人の労働を強化した。早朝から深夜まで牛の世話があり、日中は家事にも追われた。和子も、二人の子どもからは「お母さんは牛と僕たちとどちらがかわいいの」と言われたこともあった。それぞれが抱える忙しさの中で、酪農婦人たちは結束していった。一日のうち2時間あまり自由に使える日があると集まって、一緒に縫い物をした。牛のお産が大変なときは、手伝いに飛んでいった。酪農婦人同士は家族みたいなものだと和子は語る。

そんな酪農婦人の結束が、反原発運動にもつながった。1980（昭和55）年5月から幹夫が原発反対運動に動き始めると、和子は酪農婦人部や農協婦人部に声をかけ、窪川町原発反対婦人部を結成する。

酪農という仕事が規模拡大のなかで労働強化されていく時代、窪川ではさらに原発との闘いが重なる。幹夫が反原発運動に窪川町内ばかりでなく、日本国内、果ては海外まで走るなかで、和子は家族ばかりではなく、牛や犬たちの生活を守り続けた。原発反対運動や有機農業を窪川の女性たちに広げていった。[53]

島岡和子

そんな和子の人柄を物語るエピソードを、島岡幹夫の運転手として反対運動に参加していた井上富公に聞いた。

彼の住む高野集落で、反対派の学習会で大学教授を呼んで講演会を開いた。そこに推進派に属する地元の町議が乗り込み、さまざまに質問し、大学教授をタジタジにさせた。町議は、発言の最後に、「原発は絶対安心じゃ」と言い放つ。

その瞬間、農民女性から、野次が飛ぶ。「高等小学校しかでていないおまんに、何が分かるか?」。彼女の一言に、会場はヤンヤヤンヤの大歓声に包まれた。議員はメンツを潰されてひどく怒った。女性を教師と勘違いした町議は、「あんたはどこの学校の卒業じゃ」と発言した。それに対して、女性は「名門窪川高校の出身じゃ」と返すと、会場は更なる大歓声に包まれた。

翌日になっても怒りが納まらない議員は、その女性を探して集落内を探して回る。けれども、その人は集落外から来た人なので見つからなかった。その探索劇すらも、集落で語り草になった。

この農民女性こそが、島岡和子である。

土着の政治家が、学者先生の言葉を笑った。その政治家の言葉をも笑い飛ばし、そして別次元に開かれた言葉を発し、それが集落の中に伝えられていった。私は、その彼女の言葉に「大学出ただけのおまんに何が分かるのか」という言葉をも聞き取る。学者の言葉に従って動いているのではない。自分たちが動くために、学者の言葉を必要とするときがあるだけ。そんな農民としての矜持を、このエピソードは感じさせる。

興津農協の世代交代：岡部勤[54]

興津地区は窪川町の南端に位置し、台地に位置するほかの地域に比べて気温は暖かい。現在は耕地面積が80ha、そのうち約20haが園芸地帯になっている。

大正初期より、温暖な気候と西北を山に囲まれた地形が園芸地として注目を集め、1919（大正8）年から北村金秋が先頭に立ち、高知県農務課の技師の指導により、キュウリの半促成栽培が始まった。[55]

１９５１（昭和26）年に国鉄土讃本線の窪川駅が開業すると、興津からトラックで窪川駅まで運び、京阪神方面に出荷した。１９５５（昭和30）年に、25名がキュウリの加温栽培を始める。連作障害が出てくるなかで、１９６３（昭和38）年からピーマンへの転換が始まり、[56]加温装置も薪から重油加温となった。１９６９（昭和44）年にはキュウリからピーマンへの転作がほぼ完了した。興津農協ピーマン部会は１９９１（平成３）年には年間の売り上げが１００億円を突破した。１９９３（平成５）年までの10年間で、新規就農者は19名、ピーマン生産農家は90戸になった。そのうち、11名が20～30代であった。[57]

興津農協の組合長も務めた園芸農家、岡部勤

岡部勤は１９５４（昭和29）年に興津の農家に生まれた。地元の高校を卒業した後、東京の専門学校に進学した。しかし、実家を継ぐために21歳のときに帰郷し、１町あまりの田んぼと、５反のハウスでピーマンの栽培を始めた。

岡部は原発騒動が始まる１９８０（昭和55）年に興津農協の理事になり、[58]１９８６年には31歳という全国的に見ても異例の若さで組合長になっている。この頃、興津農協は、ウナギの養殖事業に失敗した組合員の借金を焦げつかせ、その負債を背負い込んでいた。そのため、組合長のなり手がなく、若い岡部に白羽の矢が立った。

組合長になった岡部は、農協の建て直しのためさまざまな取組みを行なった。たとえば、農家一軒一軒の出荷数量や所得番付を集荷所に張り出し、競争を奨励した。組合員の生産意欲は高まり、施設の更新や規模拡大が進んだ。興津はもともと大半が砂質土壌で地力がないため、農協四万十堆肥センターの牛豚糞オガクズ堆肥など有機資材を施用し、地力向上を図った。ピーマンの販売が頭打ちになることを見越し、ミョウガの導入も始めた。2014年現在では、ピーマンは2haに減少し、ミョウガが17haになっている。そんな一連の取組みのなかで、岡部は組合長の任期3年で債務の返済を終えた。

農協の理事が若返るなかで、経営の中心は若い組合員の世代であるという意識の変化が起こった。若い組合員は、親と経営を分離し、独立した営農を始めた。それはまた、原発推進が大半だった旧理事から、原発に反対する若手組合員への世代交代を意味するものでもあった。

岡部は、後に論じる窪川町農村開発整備協議会（以下、整備協）の委員にもなった。事務局長の市川和男の「自然との共生」や「家族農業の重視」という考えには影響を強く受けたという。整備協が発行した農村コミュニティ総合雑誌『むらざと』に、岡部は次のような文章を書いている。

最近までよく使われてきた言葉に、農業の大型化、機械化、企業化等々がある。一頃はずいぶん魅力的な言葉に聞こえ、思い切った投資をした人も少なくないはずである。経済状態が、まだ良かった頃には、それは、それなりに効果があったのかもしれないが、今のように低成長の時代に入って来ると、その言葉も、影が薄くなって来た感がする。かわって最近は、経営の合理化という言葉が使われるようになって来た。たしかに現実的な言葉である。しかし、考えてみると、私たちはそういった種々の言葉に、ただ振り回されて来ただけではなかったろうか。又その言葉の本質も理解していただろうか。

たしかに機械や技術、学問等は進歩して来た。そして次々と新しい政策も打ち出されて来た。しかし、その一方で、人づくり、村づくりを忘れてしまってはいないだろうか。人と人の対話、人と自然の対話、まずこのことが一番大切なことだと思う。〔岡部　1980、23〕

岡部が反対運動に参加するようになったのは、町議会を傍聴したことがきっかけだった。それまで、原発事故がもたらす被害へ不安を感じる一方で、国のエネルギー政策的に原発が必要かもしれないとも考えていた。しかし、反対請願を無視し、原発調査推進にひた走る町執行部の強引な議会運営を目の当たりにし、原発反対派として活動するようになる。そして、野坂会長の家で開かれる、ふるさと会の会議にも参加した。

岡部は、原発誘致の見返りに得られる国からの補助金によって財政を改善したいという町の意向と、漁業補償を受けようとする一部漁民の意向は、個別農家の経営努力で生活を成り立たせていこうという、当時の興津の農家のあり方とは別物であると考えていた。外から与えられる言葉に振り回されるのではなく、人づくりをすること、村づくりをすることを目指した。

「危険だという人が一人でもいる限り、そんなものはつくられてたまるか」：中嶋好子

反対運動に参加した岡部たち青年農家に、興津の女性たちも呼応した。青年たちが伝える原発の危険性や、伊方原発周辺地域が窪川の原発推進派が喧伝するようには発展していない様子を聞いた女性たちが、男たちを凌ぐほどに反対運動に邁進するようになった。(59) ジャーナリストの斉藤清は中嶋好子(60)の言葉を紹介している。

「町会議員の先生方は町が豊かになると言っていましたが、若いひとたちは危ないという。それなら、自分たちで勉強してみようと思って、若い人の勉強会に出たのがはじめて」と筆者に語った。そこで「原発は恐ろしいものだ。女は命をはぐくみ、それを育てるのが天性だ。私らがこの反対運動に取り組まなければ」ということになり、近所の主婦によびかけ、ビラをつくり、街頭に立って主婦パワーが形成されていったという。［斉藤　1981、225］

中嶋好子は、1980年9月25日に窪川町議会に提出された「原子力発電所の設置に反対することを求める請願者」の請願者代表者を島岡幹夫とともに務めた。

中嶋はピーマンを生産する傍ら、興津農協婦人部長を務めていた。次節で論じる窪川町農村開発整備協議会の委員でもあった中嶋は、同協議会が刊行する『地域コミュニティ雑誌　むらざと』に2回にわたり原稿を寄せている。一つ目は、「「むだをなくする運動」に思う」と題する文章で、1980年1月高知県連合婦人会のむだをなくする運動を受けて、興津農協婦人部として、冠婚葬祭の簡素化・病気見舞いのお返し廃止・香典返し廃止（ハガキ程度で）・私的な花輪は送らない・案内は他人に迷惑のかからない程度にという申し合わせをしていることを紹介している［中島（中嶋好子に同じ）　1980ａ］。2回目は「しあわせ」と題された随想で、「幸せとは金だけではなく肉体の健康、心の健康、社会への健康、三つの健康があって始めて幸福ではないだろうか」という、藤戸進の先代の町長である佐竹綱雄の言葉で締めくくられている［中島（同）　1980ｂ］。質素な暮らしのなかに充足を生み出そうという、中嶋の心性が伺えるようだ。興津における町長リコール運動を取材したジャーナリストの剣持一已は中嶋の「きれいな色貝がひろえますやろ、それに潮がひくと、アサリに似たゴイソという貝が砂をかくととれますやろ、三十分すればバケツ一ぱい。これをミソ汁にするとおいしいですよ」という言葉を紹介している［剣持1981、133］。

原発騒動において、中嶋らは「興津・ふるさとをよくする婦人の会」を結成し、中嶋が会長になった。「興津・ふるさとをよくする婦人の会」は、町長リコール運動の中核を担った。リコール投票当日、ふるさと会事務所から「宣伝カーを上げてくれ」と電話があれば、中嶋たちは宣伝カーにしているライトバンに乗り込み、興津峠をあがって窪川の町に上がっていった［剣持　1981］。

中嶋が反対運動に参加する経緯と、反対する論理は次のように伝えられる。

「どうも原発ができるにかわらん（らしいよ）」。道ばたで、中嶋好子さん（65）は一人の青年からこう聞かされた。はじめ、なんのことか、よくわからなかった。推進派からも反対派からも、ともに学習会や集会への案内ビラが届きはじめた。これまで婦人会以外の集まりに顔を出すようなことはなかった。

発端は素朴な疑問

『こりゃちっと勉強せんならん』中嶋さんは両方へ出席してみた。たった一つの素朴な疑問「そんなに安全なものなら、なんでわざわざこんないなかにつくるんですか」。推進派の会合では、納得のいく答えが得られなかった。反対派の開く学習会では、米スリーマイル島でおとし起った事故の模様を特集したNHKテレビ番組のビデオを見た。愛媛県・伊方町の人たちのナマの声を吹き込んだテープも聞いた。

「危険だという人が一人でもいる限り、そんなものはつくられてたまるか」。そう決心してからの中嶋さんは「いまから思うたら、どうしてあんなことができたのか自分でもわからないと」と顔を赤らめるほど。

ピーマン畑もほったらかしで、隣近所へ原発の危険性を訴えて回った。中嶋さんの住む興津地区は、海岸部。原発の事前調査予定地からそれほど遠くない。ほとんどがピーマン、キュウリなどのハウス園芸農家と漁民。「働けば働くほど収穫がある。私ら、自分でちゃんと生活しているという自信がありますからね[61]」

国の補助金によって地域振興を図ろうとする推進派の論理に対して、村ぐるみで農業生産を上げていく興津郷分に生きてきた中嶋は、「働けば働くほど収穫がある。私ら、自分でちゃんと生活しているという自信がありますからね」と、生活実感にもとづく直截な言葉を投げ返す。それが次第に、男たちがつくってきた政治文化すらも編みなおしていった。

集会のたびに、女性の人数がどんどんふえ、男性を追いこした。「これまでは、政治は男にまかしといたらええ。内助の功が女の役割やと思ってました。けど、この問題はちがいます。男は一杯飲まされると、心がにごりますやろう。どうしてもまかせておけません」。こうして、農家の主婦たちが先頭に立った。

「男にはまかせられん」。こう思ったのは中嶋さんだけではなかった。窪川町は三十年の合併以来、保守政治がつづいてきた。現在22人の町会議員のうち、革新は5人。選挙でも、「お父ちゃん、だれに入れるろ?」と、夫の判断に従う票が多かった。戸主の意向がわかれば、一家の票が読めるといわれる〝むらの選挙……〟。

それが、初めて「お父ちゃんと私はちがう」と、自分自身の判断で行動を始める女性が現れた。夫は原発推進派の事務所へ、妻は反対派の事務所へ、という夫婦も少なくなかった。ヨメの立場で一家でただ一人、反対を貫いた女性もいた。[62]

窪川町農村開発整備協議会[63]

窪川における農家・農協・行政の協議会の系譜

それぞれのほ場の地形や環境も違い、作物や家畜の種類も多様であり、また目指す農業のあり方も、さらには原発反対のスタンスも異なる。このような多様性をもち、それゆえに葛藤をはらみながら、決定的に決裂させなかったことこそが、窪川原発反対運動の要点であり、またそれを生み出した窪川という地域の凄みである。背景には、原発騒動のはるか前から、窪川の農村に生きる人びとが、農業生産だけでなく、暮らし全体の将来のあり方を議論する場が存在していた。そのもっとも重要な場が、窪川町農村開発整備協議会(以下、整備協)であった。

窪川の人びとは、戦後の農政や経済的状況の大転換に対応する農民・農協・行政などの協議会を、臨機応変に生み出していった。整備協は、この運動の結実点として生まれた。

1961(昭和36)年、農業基本法制定と前後して、窪川町では役場を中心に「窪川町農業近代化対策委員会」が生まれる。同委員会は、国の第一次農業構造改善事業を受けて農業構造改善基本計画を策定した。これを受けて、ほ場整備、共同経営の創設、あるいは農道、草地造営が行なわれ、米と畜産を柱とする農業構造改善事業が展開された。1967（昭和42）年に窪川農協、松葉川農協、仁井田農協、東又農協、興津農協、高南酪農協の6農協によって「農協組織整備協議会」が生まれた[64]。同協議会は、課題として「単に農協組織上の問題のみに固定されることなく、町・農協・農民各々の役割を明確にすると共に、農民の要請と地域の要請に応じる体制の確立を目指すこと」に設定した。そして、協議会は地域の脈搏にふれ農業を発展させる農民組織として「町内一農協づくり」を行なうことを結論づけた。これを受けて、1969（昭和44）年に先の6農協のうち窪川・松葉川・仁井田農協が合併し、窪川町農協が生まれた。

同年、農協組織整備協議会は発展的に解消し、「窪川町農業開発協議会」が生まれた。この協議会は、町や農協をはじめとする農業指導団体・機関の営農指導が細部にわたって整合性を欠いている点を危惧し、地域農業のマスタープランを力強く推し進めることを主眼とした。そのため、町行政と町内各農協の連携を密にし、窪川の「自然的・社会的立地条件を生かした農業の開発と農村社会の発展」を図ることを目的とした。米の生産調整を受けて、各農家が経営に応じた転作を行なう一方、兼業化に伴い休耕田が増加していく。そんななか、生産のみならず流通を円滑化し農業者の経営基盤の強化を図るとともに、混住化が進む農村の生活環境の改善を図るべく、1972（昭和47）年に窪川町農協と東又農協は合併した。

同年、窪川町農業開発協議会は、地域全体の空間整備を行なうべく「窪川町農村開発整備協議会（以下、整備協）」に発展的に改組した。整備協はこれまでの農業開発協議会と同様に、窪川町の農林業関係の8団体・機関によって協議会を構成することに加え、必要に応じて協議会の構成団体・機関の役職員によるプロジェクトチームを編成できるようにした。

このように、当初は、〈農業〉の生産基盤を高めること、及びそのための〈農協〉の組織的整備が議論されたが、次第に農業を成り立たせるシステム全体へ、そして人びとの暮らしの場としての〈農村〉を空間として如何に整備するのかという問題へと視野を広げていった。農家の農業生産を如何に上げるのか、そのための産業基盤の整備だけではなく、農村としての窪川に住む人びとが如何に経済的、文化的に豊かに暮らしていくのかが論点となっていった。

以上の整備協に至る流れを、整備協事務局長の市川和男は次のように整理している。

戸惑い揺れる農政に翻弄されながらも、だまされることを恐れる虐げられた農民の歴史感覚は、じっと「地域」を見つめる〝覚めた目〟を失わなかった。「都市」の成長と「ムラ」の衰退という日本の高度経済成長の現実と農政の混迷のなかにあって、だからこそ地域の自律的発展を目指す〝地域に根ざす計画〟の潮流が本格的に始まったのである。［市川　1984、131］

市川和男

整備協の事務局長を務めた市川和男は、旧窪川町宮内に1933（昭和8）年に生まれた。父の正利は、1930（昭和5）年に旧窪川町の助役に就任したが、市川が生まれた同年に、肺結核を理由に辞任。正利は1939（昭和14）年、市川和男が小学校に入学する頃に亡くなった。以後、市川は未亡人となった母・喜之衛の手で育てられた[65]。市川は1956（昭和31）年に高知県農協中央会第一回農協営農長期講習会を修了した後に就農し、母とともに稲作と酪農、そしてナシの栽培を行なう。1959（昭和34）年には宮内地区農事研究会、1961（昭和36）年には窪川町農民組合を結成した後、市川は１９６０（昭和35）年に窪川町農業近代化対策委員として町から委嘱を受けた。そして、１９６２（昭和37）年に窪川町の農業構造改善計画専任担当職員となり、同年に農業構造改善事業基本計画書を作成するとともに、窪川町でもっとも早く進んだ大井野地区14haの基盤整備事業や農協合併に携わった。大井野は後の整備協会長であり、ふるさと会会長である野坂静雄の地元である。市川と野坂の交流は、この頃から深まっていった。市川は１９６７（昭和42）年には、窪川町農協合併経営計画策定にも関わり、１９７２（昭和47）年に整備協が設立されると、事務局長に就任した［市川和男　１９９０］。

整備協が生まれる頃の思いを、市川は次のように書いている。

要は、人々が住み着く里でなければならない。人間的な住処には、先ず生理的に快適な生息環境が前提とされる。共生の里づくり、それが真に長期的な地域開発の戦略であり、21世紀への地域共存の道であるはずだ……。

（中略）里づくりとは、つまりそこに定着する人々の共通の巣づくりの作業なのである。人々の巣には、人間にふさわしいぬくもりとまとまりがいる。その巣は自然と人間のよりよい関わりあいが結実するところにつくられる。そんな思いが、我々を手づくりの地域計画へと駆り立てていった。［市川　１９８１a、48］

整備協の諸活動や、さまざまな報告書・計画書の作成は市川の存在抜きには語れない。市川は町役場に近い旅館を根城に、部屋いっぱいに資料を広げながら夜遅くまで仕事に没頭した。学者やジャーナリストが町外からやってくると、自宅の書斎に招き、酒を飲み交わしながら明け方まで議論した。岡部や河野など、市川よりも年少の農民たちも、自然との共生や、地域の自立を語る市川の言葉に、自分たちの想いに通じるものを感じた、という。

そして市川は、膨大な調査報告書や計画書を編集していく。

整備協の理念

整備協の一貫した目標は、１９７６（昭和51）年に策定した『窪川町農村空間整備構想計画』に現れている。即ち、地域は生物体であり、農村地域とは、自然と人間のよりよい関係が創造されるべきトータルな生活空間であって、そこに定住する人びとが、今日に生き、かつ子孫に誇りをもって譲り渡すことのできる多元的・複合的な価値の育ち稔る「わが里づくり」を行なうとある。

計画の背景には、次のような時代認識がある。

社会的な現象として、地域は明治以降の中央集権下のもとで、いわゆる地方化し、次第にその自律的機能を弱めてきた。更に近代化の波動によって、工業の論理が資源収奪を合理化し、地域格差を拡大し、経済至上主義は我々のまわりの〝土〟を貧化させた。また、商品化された機械文明と文化の画一化の進行は、規格品的思考形態を生じさせ、人間本来の精神的土壌から離陸して、〝言葉〟を貧化させている今こそ、この〝土〟と〝言葉〟を貧化させるものへの挑戦、これに対する自然と人間の復権の統一的行動を我々は起こさなければならないのである。［窪川町農村開発整備協議会事務局　１９７６、15］

そして、農村の低収入、低社会サービスが何によってもたらされたのか、その根源を探る決意が示される。〝わが里づくり〟の方向として、「人と自然の関係を、より高度なものにしてゆく方向で、多面的に農林業生産の発展を図ること」「地域全体の景観を保育する方向で、自然環境の保全を図ること」「地域生活者の現代的欲求を充足させる方向で、生活の基本的条件の整備を図ること」「地域の真の健全性を確保する方向に於いて、資源保護・開発余地の留保等により、地域余力のたくわえに努めること」「次代への人づくりを行う方向で、コミュニティの形成に努めること」が掲げられ、農業の里、教育の里を結びつけ、動植物が豊かに、人間が健やかに育つ「育の里」を実現することが宣言された。

整備協の特徴は、多くの地方自治体にみられるような国・県の補助金を引き出すための町行財政計画を策定するのではなく、地域自身の総論と各論を併せもつ「地域による地域のための地域総合計画」へのアプローチをもっていた点にある。また外部の学者やコンサルタントなどの力を借りず、一つのローカル・シンクタンクを目指した。運営にも一切の補助金を受けず、町・各農協・森林組合等の拠出金によって賄っている。委員として前節に登場した、長谷部高値（窪川町農協理事・窪川町ムラづくり推進協議会会長）、島岡和子（高南酪農業協同組合婦人部長）や岡部勤（興津農協青壮年部長）、中嶋好子（興津農協婦人部長）らが委員として参加するとともに、野坂静雄が設立当時からふるさと会設立前まで会長を務めている。

第一段階の活動として、整備協は「地域の特性を活用した空間整備計画」の策定に着手した。計画は委員になった各組織の代表者だけで検討するのではなく、広く町に住む人びとの意識を探る必要があると考えられ、1973（昭和48）年に3000人に及ぶ意識調査にもとづく「農家調査」が行なわれた。農家調査は、農村整備計画のための意向調査（農家類型及び生産空間に関すること／配布数2336。

悉皆)、農林業生活実態調査(農家生活及び私的空間に関すること/配布数300。無作為抽出)、農林業意識調査(地域の未来像及び公共空間に関すること/配布数300。無作為抽出)によって構成された。[66] このような、多様な人びとの考えを引き出す方策を探ることを、整備協では「公」でも「私」でもなく、「共」による計画を探るための条件としている[市川 1981a、51]。市川は雑誌の取材に対して、次のように語っている。

これまでは総論が中央にあり、各論が地域という具合にすすんできた。農村を生産基地としてのみとらえる考え方は、中央に総論があるために生まれる。これからの時代は地域に総論をとり返し、地域で各論を起こしていかなければダメだ。そのためには、自らの地域をその地域に住む農民自らが考える、という地域倫理主義が必要。具体的な施策は、行政主導でも農協主導でもなく、農民の意識の底にあるものから創り出されなくてはならない。この調査では、今まで引き出せなかった農家のヌルヌルした生の声を掘り起こせられればと、考えました。[中筋 1981、58]

一連の調査を通じて把握される、地域の未来像についての基本的な方向は次のように整理される。

・農家には、全体的にみると、定着の意識が強く、本地域の住まう環境としての側面が高く評価されており、この肯定された地域の特性を保全し育成すること。
・そのために先ず求められていることは、地域の自然環境を豊かに保全すること、及び地域の風土から生まれ、育まれてきた歴史的伝統と人間関係を評価し、これを保育すること。

・この一方、農家から、本地域の経済活動の低位固定化が指摘されており、農家の消費生活も全般的にかなり抑制されたものとなっている。従って、農村の経済活動が展開される基盤に社会資本を投入し、本地域の自然環境や歴史条件と調和した農村空間の一体として秩序ある開発整備を推進すること。

・この場合、我々の農村地域とは、先ず農林業生産活動が展開される職場であると共に、次代に譲り渡すべき定住の場でもある。そして、さらに地域に根ざした文化活動が蓄積され快適で健康的なオープンスペースが保たれる複合活動の場であるという再確認のもとに、この地域のもつ要素が最大限に発揮されること。

1976(昭和51)年整備協はこの調査をもとに『窪川町農村空間整備構想計画』をまとめた。そのうえで、生産基盤整備プロジェクトチーム、地域内資源循環促進プロジェクトチーム、生活環境整備プロジェクトチームという三つのチームを、各関係団体・機関の職員によって構成した。1979年には、各プロジェクトチームの成果によって、『窪川町農村空間整備基本計画書』を策定した。

『窪川町農村空間整備基本計画書』の起草を受けて、地域コミュニティ雑誌『むらざと』[67]の刊行と、小学校区を単位とする農村コミュニティ形成を促進する「里づくり促進プロジェクトチーム」の活動の二つの事業が始まる。これらの活動の活発化のために1980年12月6日に「里づくり研究集会」が企画された。午前中は坂本慶一の「里づくり講演会」が開かれた。市川は、坂本の招聘理由について、坂本が1978年の段階で、明確に「基本法農政」から「地域主義農政」への展開を提起し、工業的企業的単作的農業から生態学的循環的複合農業への脱皮を力説している点にあり、坂本の問題提起を地域において煎じつめるのが里づくり研究集会の目的であるとした［市川　1981b］。午後の分科会は里づくり推進員を中心に参加した町民同士の議論が行われた。

農村空間整備基本計画書が5年の歳月を経て完成し、整備協の活動が本格的に始まろうとしていた。しかし、原発騒動も本格的に始まっていた。

整備協の終末

ふるさと講演会からわずか5日後、12月11日はふるさと会結成大会が開かれた。野坂静雄は整備協の会長を辞し、ふるさと会の会長に就任した。当時のことを、市川は次のように記録している。

1980年の暮れ、当時、「整備協」の会長であった野坂静雄氏と事務局長であった筆者は、迫り来る重圧のなかで話し合った。

――整備協の計画は、地域ぐるみであゆむべき方向を示すものだ。だから里づくり運動は、政治的次元や政党レベルでの既成的な枠内の運動ではない。いわばこの地での21世紀への文明的架橋作業だ。ところが、自分たちをとりまいている状況は全く違う。一体今まで自分たちは何をしてきたのだろうか。地に着いたことをやろうとすればすぐ淵にはまる。余りにも地域が毒され、外圧に振りまわされている。このままだとこれまでに培ったものは自滅する。今、どうにかせねば取り返しがつかなくなる。「野の声」をたよりに、ムラのコミュニティーを守る草の根からの運動を、〝原発のない里づくり運動〟として起こすより他にない。――

切迫した窪川町の雰囲気のなかで、野坂氏はある決断を強いられていた。「整備協」会長辞任。「郷土をよくする会」会長就任という転機だった。

やがて、「整備協」自体の〝里づくり運動〟は冬の時代を迎えたが、その流れの上に立つ「ふるさと会」（「郷土をよくする会」の略称）の闘いが始動した。［市川　1984、154-155］

野坂の会長退任に続き、市川も1981年6月に整備協の窓口であった町企画課から少年補導育成センターへ異動させられた。藤戸町政によって、整備協の予算も大幅に削減されていった。農村コミュニティ雑誌『むらざと』も1983年の第6号を最後に打ち切られてしまう。そして整備協もいつしか雲散霧消する。

整備協は窪川の人びとが、それぞれの営農活動を語り合い、地域の将来像をもみ合う場であった。そのことが、農業のあり方は多様でそれぞれがわが道を行く形でも、分解されることなく、〈わが里〉につなぎとめる支えになった。それはまた、原発計画を必要とする側がもつ窪川の悲観的未来とも、原発が受け入れることの見返りとして得られるばら色の未来とも違った形で、地域の未来を自らの手で思い描く場となり、反対運動の理念を形づくった。中心的に関わった人びとの多くが、それぞれの思いで反対運動に参加していった。そして、原発計画は長い騒動の先に最終的に頓挫した。しかしそんななかで整備協も計画書の先に進むことなく、跡形もなくなってしまった。

それを予見していた、と後に市川は書いている。

『構想計画』のなかには、ひとつの「地域像」を描いてあります。

その最後の一節に

「四季それぞれの豊かな変化に応じ、住民の要望に即し、語らいの場が設けられ、農村の心の結び目が、新しい装いをもって復活している。人々はこの地をこよなく愛し、この地域に住むための土着の論理をもっている。そして、子々孫々に至るまで、この〈住む地〉としての、他所では得難い自然と連帯した魅力を譲り渡そうとしている。

——たとえ如何なる事態になろうとも、この地にだけは、必ずいつまでも人々が住み続ける——みんな、そう確信してひたむきに努力している。

そのことに疑いをもつものは、この地にはいない」

と私は書き切りました。

これが昭和51年です。にもかかわらず、55年には窪川原発騒動が起こるわけです。

実は前文の「——たとえ如何なる事態になろうとも」とは、それをひそかに指していました。そして、この計画は冬の時代に入り、凍結されてしまいました。

すなわち『構想計画』のメイン・テーマは、窪川原発の流れとは対極にあるもので、明確に、地域を自律的な生命空間として見たものでありました。［市川　2994b、188-189］

自律的な生命空間として地域を見るということは、地域を一枚岩の均質的空間と見ることとは違う。すでに見たように窪川では農民一人ひとりの選択により、多様な農業が展開されていた。自律的な生命空間とは、そのような経営の多様性を、たとえば堆肥センターや加工場、直売所をつくることによって、ものの流れとして結びつけるだけでなく、一家言もった人びとが対話をくりかえしながら、住みよい里、生命を育てる里をつくっていく動態として存在している。

小括

農業基本法や米の生産調整という、10年ごとにやってくる農政の激変のなかで、窪川の農民は時に状況を逆手に取りながら、多様な生産基盤をつくりあげてきた。原発騒動は、米の生産調整から10年後にやってきたさらなる荒波であった。原発推進側は原発によってもたらされる財源によって、立ち遅れた農業・漁業の基盤整備を行なうことを提案した。これに対して、原発に反対する農民たちの多くは、「他力本願」になることを拒否した。そして自身の手で農業生産を向上させる余地があるとする。

実際、次のような議論が交わされた。1981年3月のリコール投票直前のＮＨＫテレビ討論では、原子力発電立地調査推進県民会議窪川地区支部長の富永福利が、（富永らが視察に行った）福島県大熊町では基盤整備事業が農家の自己負担なく実施され、農業が発展しており、原発を受け入れることで窪川でも農業生産の向上が見込まれると主張した。これに対して、ふるさと会会長の野坂静雄は、私たちが一番おそれるのは、他力本願になることである。伊方町では町に金があることでたかりの風潮が非常に強くなった。窪川では恵まれた立地を活かして、十分な暮らしができる。急増している町内のショウガ生産も、町民ではなく土佐市からの入り作が多い状況で、意欲ある町民の参加の余地は大きいと主張している。

他力本願を嫌うことは、それぞれがてんでばらばらになってしまう危険をもはらんでいる。それに対して、窪川では「わが里」の将来像を議論する場が存在し、個々の経営体へとバラバラに解体していく流れをせき止めていた。

一人ひとりの農民も、また整備協も、原発を止めるために農業経営をしているわけでも、議論を重ねたわけでもない。しかし農民たちが編み出した仕事と暮らしが、整備協がもたらした議論の積み重ねが原発を止める大きな力となった。その見返りのように整備協はその目指すべき方向に歩を進めるより前に、原発計画のなかで消滅していく。

ここで私たちは、米とイチゴを生産してきた西森義信の「原発反対運動のすごいエネルギーをそれぞれつかえたら、もっと違った暮らしがあり、地域になっていたと思う」という言葉を再びかみしめる必要があるだろう。

同時に今も押し寄せてくる荒波のなかで、しぶとく窪川の農村で働く人びとのことを思うべきであろう。岡部はピーマンの後にミョウガを導入し、国内有数の産地に育てている。島岡幹夫と和子の息子愛直は、農業後継者の集まりであるトピア21の仲間とクラインガルデンの開設を提案し、営農の傍らでその管理人を務めている。佐竹貞夫の息子宣昭は建設業界で勤務していた経験を活かし、大規模豚舎を自分で建設し高知随一の経営体をつくり出している。

この土地で生きていくための方法は、今も模索され続けている。

第二章関連略年表

1947年	東又村に乳牛が導入される。
1950年	高南酪農業協同組合が設立。
1955年（S30）1月5日	窪川町、東又村、興津村、松葉川村、仁井田村が合併。窪川町が発足。
1959年	町内の農家が中心となり、静岡から中ヨークシャ種を導入。1961年にスウェーデンからランドレース、1972年にはハンプシャー種、デュロック種を導入。
1960年	東又農協、子豚市場を開設。
1961年（S36）	農業基本法制定。
	窪川町農業近代化対策委員会設立。
1963年	窪川町の乳牛の飼養戸数380戸、飼養頭数1000頭と県下随一の酪農地帯となる。興津でピーマンの加温栽培が始まる。
1966年	4戸の農家が販売用にショウガの栽培を始める。
1967年	窪川農協、松葉川農協、仁井田農協、東又農協、興津農協、高南酪農協によって「農協組織整備協議会」設立。将来的に、町内一農協づくりを行なうことを確認。
1969年	窪川・松葉川・仁井田農協が合併。同年、農協組織整備協議会を解散し、町と連係して「窪川町農業開発協議会」を設立。生産のみならず流通を促進するとともに、混住化のすすむ農村の生活環境改善を図る。
1970年	米の生産調整（減反政策）の開始。
1972年	窪川・東又農協が合併。窪川町農業開発協議会は「窪川町農村開発整備協議会」に改組。町内の農林業関係機関の連携をさらに深めるとともに、必要に応じたプロジェクトチームを編成できるようにした。事務局は町役場企画課がつとめた。
1973年	整備協、町内3000人を対象に「農家調査」を実施。
1975年	東又の子豚市場、月間出荷が3000頭を超え、西日本を代表する市場となる。
1976年	整備協、『窪川町農村空間整備構想計画』を策定。これを受けて、生産基盤整備プロジェクトチーム、地域内資源循環促進プロジェクトチーム、生活環境整備プロジェクトチームを設置。関係団体機関の職員によって構成。
1977年	町内でニラの生産が始まる。
1979年	各プロジェクトチームの成果により、『窪川町農村空間整備基本計画書』を策定。

1980年	整備協、地域コミュニティ雑誌『むらざと』の刊行、および小学校区を単位に「里づくり促進プロジェクトチームの活動を始める。12月6日、里づくり研究集会を企画。講師として京都大学農学部教授の坂本慶一を招く。
	米の転作作物として作付を増やしたショウガ生産が高知県一位となる。
1981年	整備協設立当時から事務局長を務めた市川和男が異動。町からの予算も大幅に減少。
1983年	農村コミュニティ雑誌『むらざと』休刊。
	町内の農家によって、米の転作作物として薬草ミシマサイコが導入される。
1986年	興津農協、組合長に当時31歳の岡部勤を選出

《注》

(29) 本節の記述は、2015年2月9日、10日に行なった伊方現地調査にもとづいたものである。

(30) 里づくり記念講演は、原発騒動が沸騰していく時期である、1980(昭和55)年12月6日に整備協が主催で開催された。坂本の演題は、「里づくりと地域主義」だった。ちなみに、郷土をよくする会の結成大会は、同じ農村環境改善センターを会場に5日後の12月11日に開かれている。

(31) 米の作付面積は1970年2120haから、1975年2010haに減少し、1985年はさらに150haに減少すると予想された。実際1980年には、1831haになっている[高知県高岡郡窪川町農業委員会 1983]。

(32)「どうする〝減反〟 強制はしにくい 将来は畜産中心へ移行」『高知新聞』1969・12・12。なおこの時期の野坂が、農業のさらなる近代化を求めている点は興味深い。

(33) 藤戸町長も次のように語っている。

私は、「原発町長」と言われておりますけれども、もう一つニックネームをもっております。それは「ショウガ町長」でございます。私が町長になりまして、農協の組合長さんと一番最初に約束しました。それは窪川町のショウガは全国一だから、これを量産化しまして、市場に通用するだけの主産地に形成しなければいけんと、農協の組合長さんも全く同じ意見でございまして、それではひとつ取り組もうじゃないかということで、当時確か１５０町位だったと思いますけれども、現在は２００町をすでに越しております。だから全国一の主産地じゃなかろうかというふうに考えております。そういうことで、私は農業を大事にする町政といったものを今進めておるわけでございます。［高知県市町村職員労働組合窪川町支部　１９８３］

(34) しかし、飼料作物は酪農の成分買取りが進むなかで、濃厚飼料依存が復活し、飼料作物の作付けは１９８９年以降減少している。

(35) 窪川渓流会については、代表の古谷幹夫の記録もある［古谷　１９８０］［野坂、ほか　１９８５］。

(36) ２０１４年8月29日西森義信氏への聞き取りを参照。

(37) 後に窪川町議会議員になり原発反対運動にも合流した宮内重延や、宮城章一らが参加した。

(38) ２０１４年11月17日河野守家氏への聞き取りと、及び『窪川町史』を参照［窪川町史編集委員会　２００５］。

(39)「伊方調査報告」は、ふるさと会発行の資料『私は知った伊方の人達の苦悩の日々を！　伊方の本当の姿を見てきた報告』に収録されている。

(40) ２０１４年11月17日河野守家氏への聞き取りを参照。

(41) 平成に入ると、輸入自由化の影響で子豚は値下がりしている。規模の大きかった養豚農家は更なる経営の合理化を覚まされ、子豚からの一貫生産を求められるようになった。２００４（平成16）年の農協取り扱いは肉牛7億３０００万円になり、養豚農家は大規模生産農家10人のみになっている。

(42) 渡辺惟夫、渡辺典勝についての記述は、２０１４年11月18日渡辺典勝氏への聞き取りを参照。

(43) 佐竹についての記述は、２０１３年2月20日佐竹貞夫氏への聞き取りを参照。佐竹裕里の話は、［坂本１９８１b］にも記録されている。

(44)「土にいのちを　第一部土との闘い　消える伝統農法　金肥、農薬が土を酷使」『高知新聞』1976・2・24。
(45)「産地　白イボキュウリ　窪川町平串町　品質と収量で勝負　農家の結束でみごと根づく」『高知新聞』1975・7・7。
(46)「支局からの報告　窪川町薬草栽培打ち切りへ　在庫過多で契約中止　米生産調整に影響も」『高知新聞』1998・8・4。
(47)長谷部は、ふるさと会候補として1987(昭和62)年の町議選に立候補し、当選している。
(48)1961年頃から、平坦地の少ない、放牧の可能な緩傾斜地の多い若井川を中心に十数戸の農家が、高知市円行寺の先駆者岡崎正英から学び、低開発地の利用や省力効果を生かした山地放牧型酪農を導入した[西井、金　1985]。
(49)2014年8月28日田中哲夫氏への聞き取りを参照。
(50)本節の記述は、島岡和子、島岡幹夫からの断続的な聞き取りにもとづく。
(51)窪川町の酪農は1947年に東又村藤の川の竹村寅喜が北海道から乳牛を導入したことに始まったとされる[窪川町史編集委員会　2005、607-610][西井、金　1985]。
(52)窪川町では、1971年から稲作転換事業が始まり、1964年から1970年の停滞期を乗り切った酪農家たちは多頭経営育成事業や飼料作物作付促進事業等により着実な経営規模拡大を進めた[西井、金　1985]
(53)島岡和子が無農薬栽培に目を向けたのは、1978年頃からである。無農薬栽培にこだわった理由を、和子は原発闘争のおかげと語っている。「反原発を唱えながら、片手で農薬をまいていたら矛盾だもの」という言葉を次の記事が伝えている。(「虫たちからの警鐘②　第1部・無農薬の群像　『生』を分かち合う島岡和子さん　窪川町本堂」『高知新聞』1988・1・3)
(54)この節の記述は、岡部勤氏への聞き取り調査と、[窪川町史編集委員会、窪川町史　1970][岡部1980][松田　1993][西田　2004][河野　2002]によっている。

(55) それまで農家は、現金収入を得るため、甘蔗（サトウキビ）栽培、麦作（藁をなって鰤大敷に販売）、養蚕、タバコ栽培、製塩と多様な生業に取り組んできた。

(56)『窪川町農村空間整備基本計画書』では、連作障害もあり昭和38年にキュウリの加温栽培から、ピーマンの加温栽培に転換したとされる［窪川町農村開発整備協議会　1979］。一方、松田の記録によれば、昭和29年にピーマン栽培農家が現れたとされる［松田　1994］。

(57) 2002（平成14）年のピーマン栽培の栽培面積は12・5ha、栽培戸数は72戸になっている。同年からは減農薬栽培を始め、地区独自の生産基準を作成し、認証取得を目指している［西田　2002］。

(58) 1948（昭和23）年に結成された興津農協は、キュウリ栽培農家が結成した二つの園芸組合と1962（昭和37）年に合併した。興津農協は窪川町農協、高南酪農協と1997（平成9）年に合併し、四万十農協（JA四万十）を結成している。

(59) 剣持一巳は興津郷分の女性である東（中嶋好子の前の興津農協婦人部長だった、東ながが子と思われる）として、婦人会メンバーの息子が伊方にいたことがあり、原発がくるとどうなるかという話をあらかじめしていた。婦人たちがまず立ち上がり、村の99％の人が反対するようになった、という［剣持　1981］。一方、斉藤清の記録によれば、ふるさと会の活動として伊方原発周辺地域の現地調査にいった青年が、伊方が原発推進派の喧伝するようには発展していないということをレポートにまとめた。それを読んで、興津地区の女性たちが原発が不要なものと認識したとしている［斉藤　1981］。

(60) 資料には中島好子、中嶋好雄などの表記がある。男兄弟がいない長女だったため好雄とつけられたが、本人は好子を好んで使っていたという島岡和子の証言に従い、本項では中嶋好子とする。

(61)「みせた女性の底力　〝原発リコール〞果たした高知・窪川町」『朝日新聞』1981・3・22。

(62) 同記事。

(63) 本章の記述は、窪川町農村開発整備協議会が発行した諸資料や、市川和男の論文を参照するとともに、市川隆子さん、中本貴之さんの聞き取りにもとづいている。

(64)『窪川町史』には昭和43年4月12日に発足と記載されている。

(65) 喜之衛は戦前に大日本国防婦人会窪川分会長、戦後は窪川町農協婦人部長、高知県農協婦人部協議会会長などを歴任した。

(66) 農村整備計画のための意向調査は、従来の営農類型という作目組合わせ的な分類ではなく、各々の農家がどのように生計を立てているのかを把握するため、専業農家はその経営形態で、兼業農家は兼業区分で分類した農家類型によって把握した。そのうえで、農村地域のそのもつ機能によって農林業生産活動が行なわれる「生産空間」、公共的に管理される「公共空間」、家族生活の場である「個人空間」の三つに類型化して捉えようとしている[市川　1984]。

(67) 農家10名と関係団体・組織の職員8名によって組織された。

第三章　語りと余韻
——島岡幹夫と邑の断片

管理する山でヒノキの前に立つ、島岡幹夫

島岡幹夫の語り

旧窪川町中央部から東又へ行くには二つのルートがある。一つは国道56号を高知市に向かって東上し、仁井田に至る頃に南東方面に向かう県道52号を走っていくというルートである。県道52号に至る頃には東又川周辺に水田が広がる。もう一つのルートは国道56号を四万十市方面に向かって南下し、窪川の市街地の南端にある古市町から県道325号に東に向かっていく。藤の越まで坂を上り、そこから下っていくとまた広々とした水田地帯に至る。県道52号と、県道325号が交差する地点が島岡家のある本堂の集落である。

島岡幹夫は、この東又に暮らす島岡家に婿入りし、田畑や山を広げ、乳牛を増やしていった。

島岡家のある本堂は、窪川の町にも、海岸部にも出やすい位置にある。県道52号は、本堂の集落を経て、興津峠を越える。眼下に太平洋が広がる。峠から九十九折（つづらおり）の坂道を下っていくと、やがて興津へ至る。一方、県道325号は東又中心部で志和峰に至る道に交差する。志和峰から九十九折の峠道を下っていくと、志和に至る。原発騒動の頃、島岡は原動機付自転車に乗り、本堂から原発立地予定地に近い興津や志和に通った。今その道を、島岡は釣りに行くために使っている。島岡家に居候している間、私も何度も釣りに連れて行ってもらった。その道すがら、島岡から島岡に縁のある人びとの話や、通りすぎる集落の話を聞いた。何も釣れないことも度々あったが、島岡の話はいつまでも尽きなかった。

島岡幹夫と私は、2011年3月11日にバンコクのホテルで出会った。東北イサーン地方にあるタラート村を学生と一緒に訪ねるのが、私の旅の目的だった。

島岡は、２０００年から十数回にわたって、タラート村に通い続けている。２０００年に、大地を守る会が、会員である生産者や消費者に呼びかけて開催したツアーに参加したのがきっかけだった。島岡は有機農産物の生産者として、大地を守る会とは長年の付き合いがある。この旅をきっかけに、島岡のタラート村との交流がはじまる。島岡はこの村で無農薬栽培を指導し、溜池を掘るための基金をつくった。１９８７年からこの村に通う農村社会学者で、大地を守る会国際部顧問を務める小松光一が島岡の活動を支えた。

ホテルのロビーで、小松が島岡と私を引き合わせてくれた。ちょうどその頃に、東日本を大きな地震と津波が襲ったというニュースが入った。ホテルのテレビでは、地震と津波の映像が流れていた。この日の夜、島岡と私は同部屋で、夜遅くまでニュース映像を眺めていた。22時を過ぎる頃から、島岡は窪川原発反対運動の話を始めた。話は日付が変わるまで続いた。島岡は萩原朔太郎の詩「帰郷」を朗誦し、そして電気を消した。

翌日から、予定通りに旅を進めた。津波の映像や、原発事故のあの映像も村のテレビにも流れた。島岡は、事故の状況を分析し、チェルノブイリに匹敵する被害が出るであろうことを語った。後から振り返っても、島岡の言葉は正確だった。絶望感のなかで、旅の途中、島岡が延々と語る窪川原発反対運動の話に、唯一に近い希望を感じていた。

そして島岡を訪ねて、２０１１年8月に初めて窪川を訪問して以降、私は島岡家に居候させてもらいながら、窪川を聞き取りして回るようになった。

私にとって窪川を訪問することは、島岡の語りを聞くことだった。島岡の家で、田で、山で、窪川のさまざまな人と出会うなかで、あるいは海釣りに行く車の中で、私は延々と島岡の話を聞き、飽きることがなかった。

私が島岡に惹かれたのは、ひとえに島岡という存在がもつその雑種性による。結核となって地元窪川に戻ってからは自民党地方組織幹部となりながら、原発反対運動にかかわり「永久追放」された。乳牛を増やす資金を得るため大阪や岐阜に出稼ぎに行き、高層ビル建設や大型トンネル工事に数年間にわたって従事した。原発反対運動のなかで、妻の和子とともに有機農業に転換した。反原発運動をきっかけに国内の原発計画に直面する地域を回るだけでなく、ノーニュークス・アジアフォーラムの活動を通じて韓国の反原発運動に参加し、有機農業運動を通じてタイのイサーン地方で農民支援のための基金をつくった。島岡の基金は、溜池掘りや農業機械を購入しようとする農民に低利で貸し付けられる。島岡は土佐弁しかしゃべらないが、それでも多くの村人に囲まれ、身の上話を聞き、無農薬での栽培技術や、堆肥作りの指導も行なう。

島岡の語りは、現代の民話（フォークロア）である。それは、人間と自然の混濁した世界を語り、この世にある存在が抱えざるを得ない生老病死の苦悩や、喜怒哀楽の煩悩を露にしながら、それでも生きることへの愛にあふれている。こぎれいに着飾った人間や、小難しい理屈を弄ぶ人間は、その外面を引きはがされて、欲にまみれたその姿を露にされる。命すらも科学技術が管理できると考える、あるいは命すら経済発展の犠牲にしようとする、近代的思考の野蛮さを一刀両断で切り捨てる。その一方で、一人ひとりの人間が本来もっている優しさのようなものも、しっかりと語られる。歯に衣着せないというよりも、はらわたを鷲づかみにするような島岡の語りは、距離感をしっかりとって付き合いすることになれた私を時に戸惑わせ、驚かせる。そんな島岡の物語を聞いていると、胸が熱くなる瞬間が度々訪れる。細部までが、本当に真実であるのかは分からない。そのことを確かめようとする学者じみた態度すらも野暮に覚えるほど、その語りは窪川に生きてきた人びとの姿をまざまざとよみがえらせる。

本章は島岡の語りを糸口にし、やがて彼の傍らにあった人びとの残した言葉もたどっていきながら、原発騒動を生きた人びとの姿を描く。旧松葉川村に生まれた島岡は、青年期を高度経済成長期の大阪で過ごした。都市は農村の若い労働力を引き寄せ、島岡もまた警察労働者となった。警察官と学生の二束のわらじを履いたが、やがて体を壊し、故郷に引き戻される。そして婿入りした家で、ときに出稼ぎをしながら田んぼと牛を増やし、地域政治への足がかりをつくっていく。やがてやってくる原発騒動において、島岡は反対運動に身を投じ、そしてまたさまざまな人びとを反対運動に引き込んでいく。

戦後農村がおかれた困難を、島岡は生き抜く。原発騒動は国家や資本の力を総動員して、窪川を辺境たらしめようとする。そのぎりぎりの状況のなかで疲弊し、力尽きる人もいた。去っていく人もいた。それでも「辺境」と烙印を押された窪川に、未来に向けた生産基盤を見出し、その価値を多くの人と確かめていく。本章は、そんな原発騒動を生きた窪川の人びとの姿を浮かび上がらせたい。

原発騒動まで

生い立ち

島岡幹夫は、1938(昭和13)年に旧松葉川村七里の農家坂井家の次男として生まれる。父親は自分の家の田畑を耕作するだけでなく、松葉川村内で唯一の籾摺り脱穀業として秋から初冬は米、初夏から盛夏は大麦や小麦のため、村内を回っていた。

1946(昭和21)、年坂井家の長男に不幸が襲う。兄は、南海地震によって崩落したコンクリート橋の代わりに仮設された橋から転落し、58日間意識不明の状態になった。奇跡的に回復するが、一年経った後急性脳膜炎で死んだ。長男を亡くした母親は狂乱状態となり、次男の幹夫は家の農作業を懸命に支えた。そんな姿が人びとの眼にとまり、小学校卒業時に松葉川村の村長から模範少年として表彰された。

中学校にあがる頃に、叔父は幹夫に度胸をつけさせるため、素手でマムシを取る方法を教えた。自分の体の右から左へマムシが移動するように立ち、手刀で威嚇し、マムシが鎌首をもたげた瞬間に、ヒョイッとその下をつかむ。

模範少年だった幹夫は、中学に上がると「愚連隊」に変わった。幹夫は、英語の教育を受けないと言って、担当教員に反抗した。校長に呼び出され理由を聞かれると、数年前まで先生たちが「敵国」と言っていた国の言葉を、なぜ学ばねばいけないのかと問い返した。校長は言葉を失った。幹夫に同調し、十数人の同級生も校長室に入ってきて、自分たちも英語の教育を受けたくないと言った。

幹夫と彼に同調する同級生に対して、校長は英語の時間を「職業科」と名づけて、彼らに学校の隣に借りた田んぼで稲作させた。幹夫たちは、学校のトイレに溜まった下肥をつんだ肥桶をかついで、「俺たち愚連隊」と陽気に歌いながら、田んぼ通いに日々精を出した。農閑期の冬には、全校生徒に声をかけて、シノタケを切らせ、校庭にうずたかく積み上げた。それを業者に引き取ってもらい、業者は園芸用の支柱として販売した。その売上金が数十万円あり、幹夫らは図書室をつくるための費用として校長に渡した。幹夫たちが中学を卒業する際の祝辞で、校長は彼らを讃えて、門出に花を添えた。

窪川高校農業科に進学すると、前章で登場した佐竹貞夫と同級生になった。2級上には島岡和子がいた。一年生の時期には生徒会の執行部になり、二年の秋には生徒会長となった。図書館にあったソヴィエトのミチューリン農法の本に触発され、地元の本屋でソヴィエト科学アカデミー哲学研究所の『史的唯物論研究』など共産主義思想の本を購入した。窪川の町で共産主義思想の本を買う高校生の噂は、警察にも伝わった。高校の卒業に際して受験した高知県の警察官採用試験では、面接では、なぜそんな本を取り寄せていたのか、その理由を問われた。それに対して幹夫は、「日本の教育を悪くしたのは日教組と共産党です。彼らを取り締まるためにも、彼らの理論を学ぶ必要がある」と答えた。幹夫は高知県警に内定をもらったが、夜間の大学に進学するために大阪府警に就職した。1957（昭和32）年のことだ。

帰郷

警察学校を卒業した幹夫は、大阪南署に配属された。半年後、近畿管区警察学校で公安業務を学ぶよう命じられた。1959（昭和34）年4月から近畿大学法学部二部に入学する頃、保安課勤務を命じられた。行路死亡人の遺体管理や暴力団取締りなどを担当した後、1960（昭和35）年警邏（けいら）二課で「左翼対策」を担当した。学生服を着て労働組合などの集会に潜入し、上司に報告を上げた。

母親が乳癌を患ったという知らせが入ったのは、この頃のことだ。大阪駅発の夜行電車に乗り、病床の母をたびたび見舞った。車中、ウィスキーのポケット瓶をちびりちびりとやった。岡山からは連絡船に乗り、高松で列車に乗り換え、高知に着くころにポケット瓶一本が空いた。

やがて、幹夫自身にも病魔が襲った。公安警察勤務と夜学の学生という二足のわらじを履いていることがたたり結核を患った幹夫は、警察の仕事を休職した。大学への復学を考えてこっそりと下宿を借り、療養しようとしたが、病状は悪化した。そのため、復学は断念し、1961（昭和36）年の9月に地元高知で転地療養をすることになる。

帰郷する気持ちを、幹夫は文学少年時代に愛した萩原朔太郎の詩「帰郷」に託した。

—帰郷—

昭和四年の冬、妻と離別し二児を抱へて故郷に帰る

わが故郷に帰れる日
汽車は烈風の中を突き行けり。
ひとり車窓に目醒むれば
汽笛は闇に吠え叫び
火焔(ほのほ)は平野を明るくせり。
まだ上州の山は見えずや。
夜汽車の仄暗き車燈の影に
母なき子供等は眠り泣き
ひそかに皆わが憂愁を探(さぐ)れるなり。
嗚呼また都を逃れ来て
何所(いづこ)の家郷に行かむとするぞ。
過去は寂寥の谷に連なり
未来は絶望の岸に向へり。
砂礫(されき)のごとき人生かな！

われ既に勇気おとろへ
暗憺として長なへ(とこし)に生きるに倦みたり。
いかんぞ故郷に独り帰り
さびしくまた利根川の岸に立たんや。
汽車は曠野を走り行き
自然の荒寥たる意志の彼岸に

幹夫は、上州を土佐に、利根川を四万十川に替え、詩の描く情景と自分の状況を重ねた。

労働を通して根づく

窪川に戻った幹夫は、1962(昭和37)3月に母親を見送る。大阪に戻ることは断念し、家畜人工授精士の資格を取った。翌年の2月18日に25歳で高校の2歳先輩である島岡和子と結婚し、島岡家に婿に入った。(68)

結婚すると営農に打ち込む。さっそく近隣の地主に交渉して、4反9畝田んぼを増やした。島岡家が所有する雑木林を、朝からノコギリで切り、束木にして大阪方面への薪炭材として売った。雑木を切った山には一本一本スギやヒノキの木を植えた。出稼ぎ期間をはさみ、原発騒動の頃には1町9反だった島岡家の田んぼは4町3反になり、山は20町歩になった。山にはすべて木を植えた。

結婚して3年経つと、島岡家のある東又の本堂地区の区長に選ばれた。婿入りしてきた若い区長は、最初は地域からの反発を受けた。しかし、当時の伊与木町長が推進した農薬の空中散布の際に、費用負担の公平性を確保するため機転を利かせ、次第に理解を得ていった。

1967（昭和42）年の秋から、地元の先輩の紹介で大阪に出稼ぎに出た。大手ゼネコンの下で高層ビル工事に従事した。翌年の3月、田植えの準備が始まる頃に戻ると、酪農の多頭化資金を借り入れ、20頭畜舎を新築した。1971（昭和46）年まで農閑期の出稼ぎは続いた。2町の田んぼを飼料畑にし、飼料畑は合計4町となった。1980年に新畜舎を建て、乳牛は40頭を超えた。畜舎を建てるための用地は、島岡家の田んぼを埋めてつくった。そのための土も、島岡は実家の親戚の土地から土を掘り出し、半年間、毎朝トラクターで運んだ。

高知新聞に掲載された島岡幹夫の記事は100を超える。その最初の記事は原発のことでも、農業のことでもない。29歳の島岡幹夫が天然記念物のオオサンショウウオを見つけたという記事である。(69) オオサンショウウオだけではない。ケリ、カシラダカ、タンチョウヅル、島岡は実に多くの珍しい生き物を見つけた。重要なのは、島岡の生き物を観る眼が単なる自然観察ではないことである。島岡の自然への眼差しは、野の仕事の中にある。オオサンショウウオを見つけたのは田んぼの見回りに行った際のことであり、ケリを捕まえたのは牛の糞だしに行く飼料畑でのことである。自然のなかにある仕事の中で、島岡幹夫は自然の小さな変化を読み取っていく。

オオサンショウウオには後日談がある。隣の集落に住む年長の人が、報道からしばらくして島岡家を訪ねた。岡山のダム工事にでかけていた彼は、清流でオオサンショウの雄と雌を捕まえ、窪川に持ち帰り、庭先の水槽で飼っていた。数年前の大雨の際に、川が氾濫し、オオサンショウウオは水槽ごと流された。島岡が見つけたのは、どうもそのオオサンショウウオではないか、と。

島岡の語りは人間だけでなく、生き物に満ちている。それだけではない。島岡の語りは窪川に住む人びとの労働の歴史を浮かび上がらせる。四国にいないはずのオオサンショウウオの発見の語りは、窪川から瀬戸内海を渡りダム工事に出かけて行った人の労働の記録でもある。

島岡は家の農地を広げながら、そこを田んぼや飼料畑、牛の放牧場とし、八万本近い苗木を植えて山を広げた。その労働が、情景をつくっていった。毎朝4時に乗用の大型草刈り機に乗って出かけた。普通は集落単位で所有する24馬力の機械は、10分で1tの牧草を刈り、サイロにした。夜24時を過ぎると、トラクターに乗り牛糞を飼料畑に運ぶ。本堂の集落には、早朝から深夜まで島岡の労働の音が響いた。

出稼ぎ期が終わり、島岡は窪川に腰を落ち着く営農の基盤をつくっていた。原発騒動が持ち込まれたのは、そんなときのことだ。

コバルト照射と母の死

警察官、それも公安警察まで担当した島岡は、その経験を買われて、自民党の地元組織の青年部や組織広報の責任者を歴任した。

島岡は、1959（昭和34）年から1967（昭和42）年まで町長を務めた伊与木常盛にも目をかけられた。やがて島岡は、伊与木の後援会「青龍会」を束ねる立場についた。島岡家と伊与木常盛は長年にわたり深い関係にあった。1967（昭和42）年の町長選挙で、3期目を目指す伊与木は、県議を3期務めた実力者である佐竹綱雄と対決し、敗れた。以後1971（昭和46）年、1975（昭和50）年の合計3回にわたり、佐竹と伊与木は町長選挙で対決した。最後の1975（昭和50）年の選挙では、伊与木は75歳になっており、これまでのように遊説に走る回ることができなかった。島岡はこの選挙の前面に立ち、農業青年を中心とした運動を展開した。結果、当選した佐竹にわずか82票差まで肉薄した。

この善戦の理由を高知新聞は、運動員の精力的な活動な動きにあるとし、老齢の伊与木を補う意味での農業青年ら若年層を表面に立てたことが、革新票、浮動票を取り込んだと分析している[70]。佐竹は伊与木との選挙には勝ったが、おまえには負けた、と島岡の力を讃えた。

そんな島岡の組織力に、藤戸進が目をつけた。藤戸は、島岡の義母の実家と縁戚にあった。その縁を手がかりに、1979（昭和54）年の町長選挙の応援を島岡に依頼した。島岡家のある東又を地盤とする町長候補は、原発推進を明言する渡辺寿雄だった。そのため、島岡は藤戸の原発反対の意思を確認し、その応援に回った。青龍会の多くは藤戸支持にまわり、当初第三の候補と言われていた藤戸を当選させる一因となった。

1970年代後半から原発計画が自民党内で盛り上がり始めた。「伊方もうで」もたびたび実施された。そんななかで、島岡は原発計画への反対を主張し、自民党から追放された。自民党地元幹部の王道を進んでいた島岡が、反原発運動に参加したのは、放射線治療によって母を無残に死なせてしまった経験が影響している。

自民党にいながら、なぜそのときから私が原発については反対だったかといいますと、私は37年に52歳のおふくろを乳がんで殺したんです。乳がんから骨髄に入って、最後は骨髄腫瘍で死んだんです。3月から一回ずつコバルト照射を前後して7、8回したと思いますが、傷口というか胸全体が真っ黒こげになっていまして、その姿が目の前に焼きついてどうしても離れなかったんです。そのころに私は放射線とかコバルトやアイソトープ関係の本を何冊か読んだんです。そのときのわずかな知識が「原発だけは……」という気持ちになったわけです。［島岡　1989、247］

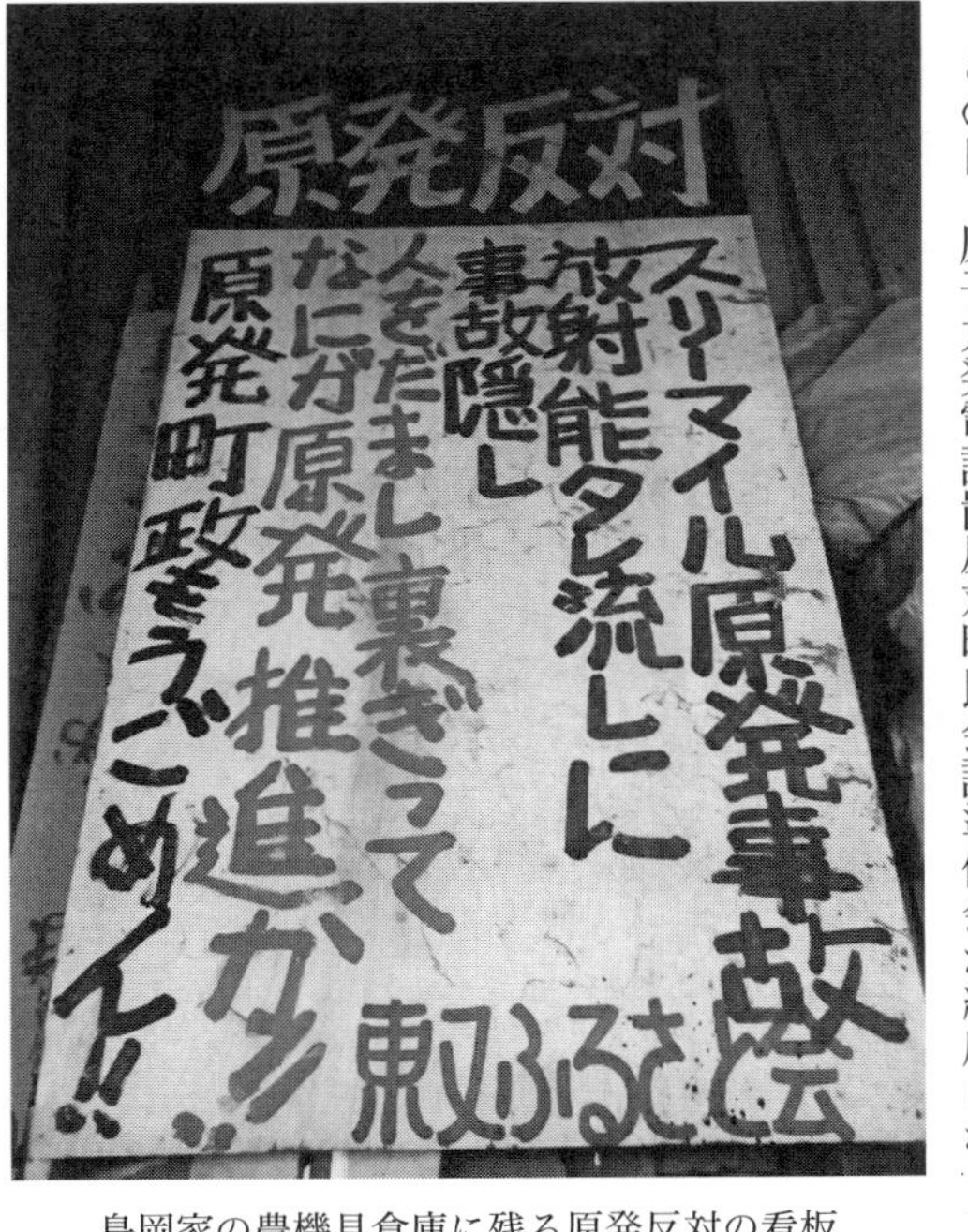

島岡家の農機具倉庫に残る原発反対の看板

自民党から追放された島岡は、革新勢力を中心に動き始めた原発反対運動に身を投じた。１９８０（昭和55）年5月13日、島岡は地元旧東又村域選出の共産党町議である前田喜三郎に声をかけられ、町職組合、教員組合、国鉄労組、共産党関係者を中心に開かれた「原子力発電所と地域開発を考える会」に参加した。これまで敵対する立場で活動してきた島岡の参加に、会場はどよめく。一方、島岡に同行した農民仲間は、「こんな共産党の集まりには出られん」といって会場を後にした。

この日、原子力発電設置反対町民会議準備会が結成され、11人の委員を選出することになった。そのほとんどすべてが組合や共産党の関係者に決まるなか、島岡は発言する。

日本の住民運動、あるいはこういうナショナルプロジェクト、あるいは企業誘致ということになったときに、環境破壊に対するいろいろな反対運動が起きていますが、ほとんどが革新の方が中心となって活動していますが、その運動は全部つぶれています。反対運動、住民運動で本当に勝とうとするな

志和から小鶴津・大鶴津に向かう道。かなたに、冠岬が見える

ら必ず保守の人間を入れるべきというのが私の考えです。［島岡　１９８９、２４６］

島岡の発言を、県議候補で地元共産党の有力者だった明神孝行は歓迎し、島岡の代表就任を支持した。以後、島岡が運動の前面に立ち、街宣活動や学習会など反対運動の前面に立つ。前章で書いたように、西森義信は島岡の街頭演説を聞き、やがて彼の元を訪ねた。一方、河野守家と仲間のところに、島岡は反対運動に参加するよう説得にやってきた。

島岡は自ら集会の場所も用意した。当時建てたばかりの牛小屋の2階を集会所にし、毎晩反対運動のメンバーが集まって作業をしたり、町内の各集落の人たちを呼んで議論をしたりした。牛乳用の１０００*l*のタンクがあったので、そこから鍋に一杯すくい、それを沸かし、飲みながら話をした。牛の生命の息吹のなかで、反対運動は進められた。会議が終わって24時を過ぎる頃、島岡は寝静まった村の道を、トラクターに牛の糞を載せて飼料畑まで運んだ。

谷脇溢水の合流

島岡が語る窪川の反原発運動には、クラクラするほどに眩い光を放つ幾多の〈瞬間〉が存在する。その運動に関わった人びとの語るその〈瞬間〉に魅せられて、私は窪川に向かい、窪川という地域にずぶずぶとはまっていく。いつしか、その〈瞬間〉たちは私自身にも何がしかを語らしめ、そして何がしかを書かしめる。

窪川の底なし沼に沈み込み、生温かい泥にまみれるなかで、相当な強度をもった窪川の人びとの〈瞬間〉をめぐる語りに、私自身が更なる意味を見出すときがある。物語が人を震撼させる。震撼した人がその先の世界を生きるなかで、物語の更に深い意味を読み解く手がかりを手に入れ、物語に更なる命を吹き込む。

その往復運動こそが、地域を理解することであり、地域を描くことであろうか。

たとえば、窪川町役場の庁舎前玄関、1980（昭和55）年10月24日についての島岡幹夫の語りに耳を傾けよう。

原発を推進する藤戸進町長は、調査依頼書を四国電力本社に提出するため、公用車に乗って高松に出発した。庁舎の玄関前にはそれを阻止しようと反対派住民が集まり、警備にあたる町役場職員や警察官ともみ合いになっていた。藤戸の車が発車しようとしたその前に巨体を投げ出し立ちはだかったのは、原発設置反対町民会議議長の谷脇溢水である。谷脇は叫ぶ、「進、四電に行くならおれを轢いていけ」、と。集結した人びとは、町の長老の渾身の叫びに心を震わせた。運動のリーダーの一人、警察官に静止されながらその瞬間を見つめていた島岡は、「谷脇さんの姿を見て涙が止まらなかった」。

やがて谷脇はごぼう抜きされ、藤戸町長は高知県庁と四国電力に向かう。その暴挙に対する怒りが、人びとをリコール運動に向かわせ、そして翌年3月に町長リコールは果たされ、藤戸町長の首は、一時切り落とされる。

谷脇溢水は藤戸町長と同じ集落である旧窪川町口神ノ川出身である。1902（明治35）年生まれの谷脇は、1928（昭和3）年生まれの藤戸よりもはるかに年長であった。有力農家の四男にして、2町弱の農地を相続していた谷脇は、長年町議を務めてきた有力者であった。谷脇は集落内のみならず、遠隔地の相談事の解決に骨を折った。金に困った人が借金を申し込んでも、その人の苦労が分かれば断らず、また返済が滞っても取り立てもしなかった、と愛娘の平田恵美子は語る。

地元の信望が厚く、町議選挙には村人がこぞって幟旗を持って集まった。車を運転しない谷脇は、町議会に出席する際も自転車で議場の町役場まで通った。谷脇家から役場に向かう道は四万十川と平行に走る。途中で四万十川に架かる橋を渡り、町中に入っていく。役場だけではない。自分が管理する大正町の山にも、乳牛をこの町に先駆けて導入した仲間である島岡千代亀（島岡幹夫の義父）の本堂の集落にある家にも、自転車で通った。いま車を走らせても20分ほどある距離だ。

1980（昭和55）年10月24日も、谷脇は自転車で口神ノ川から役場まで走ったのだろうか。「原発町長」のおひざ元となった口神ノ川では、集落の功労者であった谷脇ですら冷たい目で見られた、と家族は語る。

しかし、原発計画が町に持ち込まれた頃、谷脇は調査推進側の中心人物であった。

そんな谷脇が原発反対の立場になった瞬間、窪川町議会特別委員室の１９８０（昭和55）年10月8日――。

この日の朝、原発設置反対連絡会議代表の島岡幹夫は自分の耕す田んぼの稲刈りをしていた。すると議会事務局の職員がやってきた。職員は言う。この日に開かれる西南開発調査特別委員会に原発設置反対派代表として出席してほしい、と。突然の通達に驚きながら、田んぼの泥のこびりついた長靴のまま、島岡は職員の運転する大型車に乗り、特別委員会室に向かった。

特別委員会はこの日、原発立地調査推進、設置反対それぞれの請願書を提出している二つの請願団体から趣旨説明を受け、内容についての質疑を行なうことになっていた。特別委員の町議に加え、傍聴席には調査推進派を中心に20人の住民が集まった。その中に、谷脇の姿もあった。

原発立地調査推進側の「原子力発電研究会」は元窪川町議会議長で、町長候補にもなり、この当時は商工会長を務めていた渡辺寿雄が万端の準備で登壇した。「原発が立地されるかどうかで、この町の商工業会も大きな変化をもたらす。できるともできないともわからず、いつまでも困惑されるより、早く結論を出してほしい。このため、われわれは調査をまずすべきだと判断した」[71]。議員経験の豊富な渡辺の弁舌は、鮮やかである。寝耳に水で特別委員室に連れてこられた島岡は、渡辺の演説に相当な集中力で聞き、議会という場での語り方を学んだ。

質疑応答をそつなくこなし、渡辺は庁舎を後にした。

設置反対派請願の趣旨説明の番となり、島岡は語り始める。

島岡はまず、この日の趣旨説明が設置反対派には抜き打ちで実施されたことを非難した。特別委員会の場で作業着、長靴で現れた島岡の姿が、何よりその語りを裏づけた。

そして、島岡は母のことを語る。

自分の母親は乳がんを患った。コバルト照射を何回もしたときにがん細胞が脊髄にはいって、脊髄が壊死した。造血作用がとまり、胸全体が真っ黒こげになって苦しみながら死んだ。放射能はたとえ微量でもこういう問題が出てくる。

島岡は窪川の農林業について語る。

窪川町には水田が2400haで年間14億円の売り上げ、乳牛も1200頭で5億5000万円。養豚は3万頭。イチゴ、ミズブキ、キュウリ、ピーマン年間80億円。さらにショウガやニラなどの特産品も生まれている。山林が2万3000haあり、木材林業生産で30億円ある。20社以上ある縫製工場や加工産業などの売り上げを合計すると、年間の総生産額は150億円に上る。このように窪川は四国有数の食料生産基地である。原発がもたらすたかだか20億、30億の税収に目がくらみ、そのうえ耐用年数30年程度の原発のために、2000年も続いてきた農業を犠牲にするのは愚の骨頂である。

窪川高校の生徒会長時代から名演説の誉れが高い、島岡の演説は次第に聴衆を呑み込んでいった。1980年10月10日頃に発行された窪川町原発設置反対連絡会議のビラには、「西南開発調査特別委員会では、山脇、前田両議員が奮闘。特に、請願人代表の島岡さんの趣旨説明は圧巻でした」と記されている。

午前が終わり、島岡の趣旨説明の間に休憩がとられる。財布すら持ってくる余裕のなかった島岡は、町役場うしろの食堂で設置反対派議員に飯を食わせてもらった。午後に趣旨説明が再開され、その後に調査推進派議員からの反論がなされる。原発騒動終盤のキーマンとなる芳川光義らは、「原発の雇用効果が薄く、危険だとする受け止め方はおかしい」といった指摘を熱心に行なう。

そのうちに、原発推進を主張する議員芳川光義は島岡に次のように問い質す。「あなたはある議員に、議員は金をもらって推進している、と言っているそうだが、これは事実か」。島岡は答える、「事実です」。島岡の集落である本堂の喫茶店で、郵便局で働いている青年がコーヒーを飲んでいた。そしたらどかどかと人が入って来た。彼らは「議長にも、副議長にも、特別委員長にも渡したな」と語り、それぞれの金額を議長３５０万円、副議長３００万円、特別委員長には２５０万円、普通の議員には当選回数に応じて渡す、といったことを無防備に語っていた。彼はそれをメモし、島岡に渡した。

1980年12月22日、町長解職請求の署名簿を提出する原発反対町民会議。前列右端に立つのが谷脇溢水。（島岡幹夫氏提供）

芳川は叫ぶ、「そういうことを話すのは議員の誣告罪（ぶこくざい）になる、名誉棄損で訴えるぞ」。議長の中平忠則も議長席からおりてきて「金の話をするな、金の話をするな」と言って、島岡の背中をパンパン叩いた。中平と島岡は姻戚関係にあり、また彼の息子は島岡の高校の同級生だった。さらに、元自民党員の島岡は中平や芳川は、長年ともに選挙を闘ってきた仲だ。

芳川の言葉に対し、島岡「どうぞ訴えてください」と返した。その剣幕に、芳川も慄然とした。

その瞬間、谷脇が動く。

傍聴席の柵をよっこらしょと乗り越えて、島岡の方へよたよたと歩いていく。島岡に、「マイクを貸せ」と叫ぶ。マイクを受け取った谷脇は、いつものようにどもりながら語る。「みみみみなさん、聞いたか。いよいよ金の話が出てきたじゃないか。この議員たちは金をもらって原発を推進しているがよ。わしは原発は窪川の発展のためとやっておったが、こんな汚い男たちと一緒に動けない。これからは島岡君の弟子として活動する」。

それ以後、谷脇は島岡とともに反対運動の車に乗って、窪川町の集落を回った。窪川の町は興津・志和のある海岸部から、窪川駅周辺の市街地、そして北は松葉川、東は東又、仁井田に田園風景が広がる台地部をもつ。運動に参加した農業青年や、各職業の組合に参加する人びとが車のハンドルを握った。若者と長老、革新と保守、それが一台の車の中でも合流した。島岡らに請われ、谷脇は原発反対町民会議の議長につく。谷脇は、1980年10月上旬に出された「窪川町原発反対連絡会議ニュース」で次のような文章を寄せている。

西南開発調査特別委員会の審議の様子を見聞きしてから大変腹がたっています。私は、「原発研究会」の請願書の発起人にもなりました。私が発起人になったのは、原発誘致に賛成だからではありません。原発には絶対反対ですが、純粋に調査・研究ということを信じたからです。私のこの気持ちが誘致に

使われるのは心外でなりません

窪川原発研究会の請願発起人の一人　元町議会議員　農民
谷脇溢水

谷脇は、やがて窪川の反原発運動が合流して生まれた「郷土をよくする会」の結成にあたり、野坂静雄を会長とすることに骨を折った。

原発研究会副会長であった谷脇溢水の、原発反対運動への合流はなぜ起きたのか。谷脇はなぜ、金の話が許せなかったのか。それを理解するためには、時計の針を四半世紀戻す必要がある。谷脇はある汚職事件を議場で糾弾する。この事件とその後の政治過程には、野坂静雄と、合併した窪川町の2代目町長であり、島岡幹夫の地域政治の師ともいえる伊与木常盛が登場する。そしてそれは、島岡幹夫がいかに地域政治を自在に生き抜く力を身に付けたのかを考える手掛かりになるとともに、ふるさと会会長となる野坂静雄の存在を浮かび上がらせる。

この話は、次章で詳述する。

志和

ブリ漁の情景

島岡は原付に乗って、原発予定地に近い沿岸部の志和や興津に足しげく通った。島岡が住む台地からは、それぞれ峠を越え、九十九折の坂道をおりていく必要があった。

志和は、鉄道が１９５１年に窪川に敷設されるまで、窪川の玄関口だった。高知からの汽船がやってきて、人と物資を運んだ[72]。当時から志和は漁の盛んな漁村だった。志和沖には良い岩礁があり、イトヨリ、アマダイ、イセエビ、そしてブリがよく獲れた。海岸から沖に向って垣根のように網を張り、沖に出て行く魚を捕らえる大敷網漁も盛んだった[73]。

志和の漁村の活気あふれる時代を、志和出身の作家竹村寿夫は次のように美しく描写する。

三方を山に囲まれた平地の真ん中を割るようにして、志和川の細流が土佐湾に流れ込んでいる。その川に隔てられた、比較的広い平地の南半分は、中谷の山裾や、志和川のほとりに点在する農家の田圃に占められ、東の海に面した複雑な地形の北半分が、生活の匂いと人いきれに満ちた区域で、家と家が軒を接したその下を小さな路地が縦横に走りぬけている。ほとんどの家が漁師で、所々に雑貨屋や米屋や魚屋があった。

山見の頂上にはためいていた「モチ」が、風になびきながら竹柱の先端で不自然な動きを見せ始めた。山頂に人影がうごめいている。滝木の繁みの隙間から一瞬「アカ」らしき真っ赤な布地が見え隠れした。時刻は午前九時半、集落中の熱い視線がその一点に集中した。

(中略)

教室にだんだんと抑えようのないざわめきが広がってきた。西村先生が、しょうがない、というように苦笑しながら授業を中断し、自らも窓際に寄って山頂を見上げた。それを見て生徒たちが一斉に立ち上がって窓際に殺到した。机と椅子が、ガタガタと大きな音を立てて不規則に動いた。その直後だった。「モチ」がスルスルと降りると、それと入れ替わるように「アカ」の大旗が一気に竹柱を駆け上がり、雲ひとつない群青色をした空に翻った。

「ウォー！」

地響きのようなすさまじい歓喜のどよめきが、校下の集落から沸きあがってきた。学校では、開放された全教室の窓という窓に、子供達の弾けるような笑顔と歓声が鈴なりになっていた。校庭には子供達と抱き合って喜ぶ校長先生の姿が躍動していた。

今年初めての待ちに待った大漁の朗報だった。（竹村寿夫「遠い岬」）


戦後すぐの志和は、小さな家が密集していた。外から嫁入りしたばかりの人は、どこに自分の家があるのかなかなか覚えられなかった、という。たくさんの子どもが、その密集した家と家の間を走り回っていた。

立ち上がった漁民

しかし、ブリ漁は1970年ごろをピークに減少していく[74]。同時に、高校までは地元に通っていた若者たちも、卒業後は町外に働きに出てしまう。子どもにも、親にも、不安定な漁に出るよりも、大学に入って勤め人になったほうがいいという考えが広がっていった。そして、志和の西隣の集落である小鶴津・大鶴津に原発が計画されていることが明るみに出た。

当初、ほとんどの志和の漁協組合員は原発推進だった。組合長で、窪川町議だった中野加造も原発推進の立場だった。推進派は原発がくれば3000、4000万円の補償金が出ると喧伝していた。養豚やトマトなど特産品が育ち始めた農民たちが住む郷分は当初から反対派が多かったが、漁の停滞と補償金の存在が漁民の暮らす浦分の状況を大きく変えた。

そんななか、原発に反対したのは、長年海に出ていた人びとだった。最初に、大正13年生まれの漁師山野上富久が反対を表明した。山野上は「原発があるようなところは海が汚れる、仕事ができなくなる」と語った。原発を止めたい一心だった、と息子の嫁である忍は回想する。山野上はトロール船でモジャコ（ハマチの稚魚）を獲り、年間５００万円以上という志和随一の水揚げをしていた。

志和での反対派決起集会に集まった漁民、農民。（島岡幹夫氏提供）

山野上とともに最初から反対運動で動いていた、渡船くろはえ丸の船頭で、山野上よりも年長の田村敬吉も放射能とか自然破壊とか難しいことより、故郷が変わるのがいやだと絶対反対の姿勢を貫いていた。田村は次のような言葉を残している。

第一次産業を中心にした住民主体の町づくりを目ざすために整備協という組織を町はつくり、われわれ町民に訴えかけてきた矢先に原発の話ですきに、町政は一体何を真剣に考えているのか、よう解らんです。この地区の漁獲高は低い、低けりゃあそれをつぶして原発をつくるという考えは、わしらには理解できんですよ。この地区で原発の推進を叫んでいる人達は、みんな船を捨てた人達ですきに、漁師を続けている人達は、そうした連中が何を考えてちょるのかよう知っちょります。楽しくてお金が入ってくるのを喜ぶような人間についてゆく人はこの志和地区にはおりませんよ。漁師は、この港を守りたいんです。［蒼編集部　1983：149］

志和漁協は組合員数134だが漁業権をもっているだけで、実際漁をしていない人が多い。半分くらいじゃやないかな。本当に漁をやってる70人くらいのうち、50人は反対の意思表示をしてる。組合長自身が漁に出ていないから、漁業権を売ることは何とも思っちゃいない。［田中　1983］

島岡は伊方をはじめとする原発立地地域の人びとと交流して得た情報を元に、補償金は一年間の水揚げ高に過ぎないことを、漁民の家を一軒一軒説いて回った。

島岡が志和の山道を下ってやってくると、山野上は家にあげて貝やエビを出してねぎらった。島岡は

山野上や田村のことを讃える。以下、島岡の回想である。

俺たちのような台地に住んでいる人間が反対するのとは違うよ。周囲がみんな賛成で、しかもお金の問題がからんじゅうからね。おんしら銭いらんのかいといわれながらよ、絶対いらんという姿勢を通すというのは命がけよ。沖に出たら誰も助けてくれる人がおらん。

志和の裏分は家々が密集する。そんななかで、誰が反対で、誰が賛成なのか内側の人間なら誰でもわかった。今でも、志和地区で漁民の暮らす浦分には、原発のことを話すときに声を潜める人もいる。

大正生まれの山野上、田村が反対を明言するなかで、漁民のなかでも反対の声が少しずつ広がっていった。後に志和漁協の組合長西谷左多生は1934（昭和9）年に志和で生まれる。妻の米美と船に乗り、立網漁業でイセエビを獲るとともに、イカの芝づけ漁も行なっている。西谷は、「漁が楽しかった。生活に困らないくらいの収入もあった。それな

前列左側から森岡真、中野重子。後列左側から西谷左多生、西谷米美

のに、なぜ原発を誘致する必要があるのか」と叫んだ。ふるさと会の伊方調査にも参加し、閑散とした漁村の様子や、モニタリングポストに表示される放射線の数値が印象に残ったという。そして伊方の住民たちの話から、実際の補償金が40万円、多くて数百万円であることを知り、反対の意を強くした。西谷は、島岡に頼まれ、ふるさと会の集会で漁民としての決意表明をした。

中野重子は1939（昭和14）年に仁井田に生まれ、1967（昭和42）年に志和に嫁いで来た。志和漁港で水揚げられた魚を商うとともに、釣り人などを相手とする旅館を経営した。旅館は志和における原発反対運動の拠点となり、学習会の会場にもなった。中野や西谷米美は、志和で島岡たち原発反対派が主催した学習会に参加したのをきっかけに、反対派として動くようになった。学習会で示された、新聞紙大で作られた原発の図面を見て余りの大きさに驚き、放射線被爆の恐ろしさを知った。志和郷分の農家に1924（大正13）年に生まれた森岡真は、大工をしていた夫が志和で開かれた学習会に参加した。学習会から帰ってきた夫が自分は反対派になると宣言し、森岡も一緒に運動するようになった。

やがて、渡辺惟夫らを中心に反対派の結束が強まっていた志和郷分の農民たちとの連携も始まっていく。町長リコールのときは、女性たちも街宣車に乗った。町議選挙では、山野上忍は地元の渡辺惟夫だけでなく、島岡の街宣車にも乗った。志和の反対派漁民独自の動きとして、室戸岬から宿毛まで高知県の全漁協を回った。

島岡家の犬たち

原発騒動当時、島岡家には常に5、6頭の犬がいた。和子は犬を愛した。彼ら、彼女らは鎖につながれることなく生活していた。いまでも和子は、「犬はつないで飼ったら、ひとつも面白くない」と語る。

自由にほっつき歩く犬たちは、人間とは無関係に社会をつくりだし、自然との関係をつくりだす。島岡家の犬一族で、ピーコと、スーコと言う姉妹がいる。県道から島岡家に入る長い私道の入り口に捨てられた2匹の子犬の名前は、Peaceからとられた。

ピーコは賢い犬だった。牛の世話を終え、家事も片づいた夜、和子が習字の練習を始めると、隣に座ってその様子を眺めていた。字が思い通りに書けないときには、ピーコは首を傾げた。うまく書けると、ワンとないて寝床に去って行った。「こちらがどんなに疲れていても、ピーコちゃんに妥協はなく、そのためになかなか寝かせてもらえなかった」と笑いながら、和子はピーコの思い出を語る。

可愛くて、賢いピーコだが、ときに野生の血を滾（たぎ）らせる。

幹夫がピーコを連れて、ヒノキの山を歩いていた。するとピーコは突然走りだし、どこかに消えて行った。山仕事をしていると、しばらくたってピーコが帰ってきた。全身が血まみれだった。イノシシにでも襲われたのだろうと思い、急いで布で血を拭った。しかし血が拭われて綺麗になっても、ピーコに傷は一つも見つけられなかった。山仕事をやめて、ピーコを連れて山を歩くと、ほどなくしてイノシシが倒れているのを見つけた。イノシシのはらわたが食い破られて、死んでいた。

イノシシがピーコを襲ったのではない。

ピーコがイノシシを襲ったのだった。

ピーコの息子の万次郎という犬は、近所の小学生に畏れられる存在だった。小学生の通学時間、島岡家の前を通りがかる小学生たちは、万次郎の姿をみると、「万次郎がきたぞー！」と叫んでいっせいに逃げた。万次郎はその後を吠えながら追いかけた。それが毎朝の風景だった。「万次郎は子どもをからかって楽しんでいた。本気で襲う気はなかっただろう」というのは、和子の言葉である。

通学途中に人ならざるものの脅威があるというのは、いい少年時代である。もちろん私もそこら辺の子どもだったら、毎日追いかけられて、びくびくしていただろう。警察から何度も犬はつないで飼ってくださいと指導されたが、いつ何者に襲われるのかわからないから番犬として飼っているのだ、と言って追い返した。当時は原発騒動中だから、ときに島岡家には招かざるを得ない客がやってきた。番犬として活躍する瞬間もあった。

当時飼われていた犬たちは、座敷にもあげてもらえていた。皿鉢を囲んでおきゃくをしているときも、人間の輪の周りに犬たちの輪があり、分け前にありついていた。犬嫌いの人たちにとっては、さぞや落ち着かない宴だっただろう。

ピーコの息子のタロウはくろはえ丸船頭の田村敬吉にもらわれていった。タロウは田村と一緒にくろはえ丸に乗り、渡船のマスコットになっていた。誰に似たのか放浪癖があり、これは多分元々の飼い主と違ってあちこちに子どもをつくった。タロウの子どもであることが容貌から確かめられると、島岡家は米を用意した。タロウの子として認知された犬の養育費として、島岡は、志和の毎年の祭りの際5kgの米袋を10個は持って行った。

原発騒動の際には、反対派と推進派が漁協も、隣近所も、家族の間でも真っ二つに分かれた土地である。田村も熱心な反対派の一人だった。[75] 推進、反対で引き裂かれた漁村の中で、タロウはそんなことはお構いなしにメス犬を探して走り回った。

そのタロウの衝動に突き動かされて、島岡は米を担いで志和の町を回った。

人間のリズムと無関係に犬のリズムがあり、それが人間をも突き動かしていった。

谷渕隆朗と方舟の会

原発反対運動は、窪川町に移住してきた人や、町外の支援者をも、巻き込んでいく。そこには一気呵成ではない、相互の距離のつめ方がある。

高知パルプ生コン事件と方舟の会

方舟の会は、1980（昭和55）年5月に高知県で主催された全国自然保護連合高知県大会の実行委員会の若者によって、結成された。

当時の全国自然保護連合の代表は山崎圭次である。山崎と坂本九郎は、1962（昭和37）年に高知パルプの廃液と埋め立てに反対する浦戸湾を守る会を結成した。住民と約束した工場移転を反故にし、住民との対話を拒む高知パルプに対し、1971（昭和46）年6月9日、二人は直接行動に出た。二人は、高知市の旭町の国道上で、高知パルプの廃液が流れる地下水のマンホールの蓋を開け、生コンを流し込んだ。江の口川に流れ込むはずのパルプ廃液は路上にあふれ、工場は操業を停止した。世に言う、「高知パルプ生コン事件」である。二人を含む実行者4人は起訴された。裁判には、宇井純ら全国の公害研究者が彼らの弁護に立った。そして、1976（昭和51）年に微罪なみの罰金5万円で結審した［高知県自然保護連合・方舟の会　1981］［宇井　1998］。裁判の後、山崎は全国自然保護連合の会長に就任し、1980（昭和55）年に高知県で全国大会が開かれることになった。方舟の会は実行委員会の中心を担った。

全国大会が終わると、方舟の会は活動の柱を失った。この頃、窪川で原発騒動が起こる。方舟の会は、原発反対運動に乗り出した。

彼らが初めて窪川を訪問したのは、1980（昭和55）年3月のことである。坂本九郎の紹介によって、興津の漁師岩本透を訪ねた。岩本は、「私しらぁーは孫子になんいも残しちゃるものはないけんど網代だけは残さないかん。そうやけんど誰が口火をきるかが問題じゃ」と語った。興津漁協にはすでに四国電力のテコ入れがあり、原発反対を口に出すのもはばかれる状況にあった、と方舟の会メンバーのフリーライター坂本三郎は伝える［坂本 1981a］。その後、日曜日ごとに興津や志和、そして窪川町の中心街でビラ配りや宣伝カーで原発反対の街宣活動を行なった。(76)

高知大学の学生時代に生コン事件の裁判と出会い、その後浦戸湾を守る会や、高知県自然保護連合の活動に加わる田中正晴も、方舟の会のメンバーとして何度も窪川に出かけた。駅周辺の家をまわって原発反対のビラを配った。この頃、窪川の住民とはほとんど知り合いがおらず、反原発運動があるのかどうかも知らなかった。

そんな方舟の会のメンバーの一人が、高知市内三嶺の森林保護運動で、ある男と知り合った。その男は、窪川町内若井川で山地酪農をしていることがわかった。方舟の会が初めて窪川にビラ配りに行った日、その足で彼を訪ねた。

谷渕隆朗との出会いだった。

境界人としての谷渕隆朗(77)

谷渕は高知県物部村出身。医者だった父親の仕事の関係で、4歳から8歳まで窪川で過ごし、その後高知市へ移った。土佐高校を経て、北海道の酪農学園大学へ進学した。学生運動の嵐が吹き荒れる時代に入ると、谷渕は三里塚闘争やべ平連（ベトナムに平和を市民連合）の活動に参加した。いつしか大学は中退し、全国を放浪する。その途中で妻となる恵美子と出会い、1973年に窪川に居を定めた。最初は高南酪農業協同組合の事務員になり、やがて山地酪農が盛んな若井川で自身も山地酪農を始めた。里山を草地化して、牛を本来あるべき自然のなかへ放す。それが軌道に乗ったら、保育士の仕事をしている妻も仕事をやめて、赤牛を飼う――そんなふうに夢を描いているときに、谷渕を追うように原発騒動がやってくる。

方舟の会の人びとがやってきた頃の様子を、妻の恵美子は次のように語っている。

自分たちは政治的なことにかかわらないと思って、こっちにやってきた。70年代にずっと私らは学生運動をやっていた。ああいうやり方ではだめだということで、わざわざこんなところにきた。谷渕が北海道にいるときに、小田実が北海道にきた。谷渕は大学に行かずに一緒にずっとまわっていた。私は東京にいたので、新宿べ平連にいた。そのうち運動全体の方向がおかしくなった。セクトの人たちが入ってきて、べ平連のこのやり方では世の中変わらないということで、どんどん過激になっていった。私たちは、その動きと距離を置きたいと思いました。

それで、40年前の1974年に窪川にきた。こちらにきたら、政治的なことにかかわらずに、彼は農業、私は福祉専門で、静かに暮らしたいと思っていました。

でも原発騒動が起こって、私たちの存在がすぐに見つかってしまった。高知の方舟の会の人々がやってきて、反原発運動を一緒にやろうと説得してきた。谷渕は最初ずっと断っていました。でも、周囲の人が段々と推進派に飲み込まれてしまう。予定地周辺の土地が買い占められていく。そんなことが段々見えてきた。3人の子たちに言い訳にするわけにはいかない、精一杯のことをしなければと思って、動く決心をしました。(78)

谷渕は腰を上げた。そして、骨身を削って反対運動に打ち込んだ。谷渕は、3人集まればそこで学習会を開くと言った。結果、リコールまでに大小500回に及ぶ原発学習会を開き、松葉川から興津まで窪川町内を走り回った。息子たちは、小学校の作文に「お父さんの仕事は郷土をよくする会で、二つ目は原発を止めることで、三つ目が集会を開くこと」と書いた。若井川の青年たちは「ぶっちゃん」と呼んで、窪川の外でさまざまな経験をしていた谷渕のことを慕った。島岡和子は、谷渕が夜に学習会を開くと女性たちの接待が大変になることを心配し、食事は持ち寄りにすることを提案したのを記憶している。そういうふうにして、谷渕は窪川の運動に、外の風を入れていった。

谷渕の紹介で、方舟の会のメンバーは1980(昭和55)年の11月6日志和で開かれた集会に参加した。方舟の会のメンバーの一人である、土佐市の医師葛岡哲夫が中野重子の経営する旅館で講演した。60人を超える住民が集まった。この集会で、方舟の会のメンバーは初めて島岡幹夫と出会う。当時のことを、田中正晴は次のように語る。

そのときに島岡さんがいた。青に白いストライプのジャージをきて、胸に島岡と書いてある。右翼のおっちゃんかと思った。そのおっさんも原発の危険性について講演した。かなり詳しかった。よく勉強しているなあと思った。原発は農業と相容れんという話をしていた。

医師葛岡哲夫と、スリーマイル事故のビデオテープ

葛岡哲夫は1935（昭和10）年に樺太で生まれた。高校時代まで高知市内で過ごした後、1961（昭和36）年に京都大学医学部に入り、卒業後京大医学部病院に勤務した。そして1967（昭和42）年に新潟大学医学部で第三内科の立ち上げスタッフになった。研究スタッフにも恵まれた環境だった。やがて東大医学部のインターン問題に端を発する学生運動の波が襲った。恵まれた環境にあった葛岡は民主的討論を求める学生たちの側に立ち、医学とは何か、学問とは何かを考えるようになった。それはまた、葛岡の将来を期待して京都から呼び寄せてくれた医学部の教授、助教授陣と対立することでもあった。

大学紛争が終息していくなかで、葛岡は薬害事件に直面する。1965（昭和40）年頃から各地で、肝臓と脾臓が腫れて、白血球が増えてくる病気が出てきた。燐脂質脂肪肝とか、泡沫細胞症候群とか言われる、原因不明の病気だった。葛岡は研究室の若い仲間とともに、それが心臓の薬であるコラルジルによる中毒症であることを突き止めた。医学部内部には研究結果が出る前に公表するべきではないという意見が強かった。しかし葛岡は、今も服薬している患者もいると押し切り、公表に踏み切る。そして新潟の7人の患者とともに被害者の会が生まれ、裁判闘争が始まった。[79] 医者としての責任を果たすために、葛岡は新潟大学をやめ、若い仲間と患者を支えるための診療所を新潟大学の前につくった。自身は小千谷の病院で勤務しながら、週1回診療所に通った。5年間の小千谷の病院勤務時代には、柏崎原発の反対運動にも参加した。原発予定地に十数人でデモをしたこともある。当時のことを、葛岡は次のように振り返る。

新潟での自分の活動を振り返ると、確かに水俣病があり、新潟水俣病があり、スモンやカドミウムの薬害があり、公害薬害が現れていた時代の中にありました。そんななかで、原発は公害問題として捉える視点を手にいれました。70年代の後半ですね。そして、80年に高知にもどったところで、窪川原発反対運動が起こりました。

谷渕が学習会で使ったビデオデッキ

１９８０（昭和55）年に単身赴任を終えて、土佐市に戻った。高知県自然保護連合や方舟の会の活動に参加した。11月、葛岡は学習会の講師として、窪川を初めて訪れる。

葛岡は学習会に、ビデオデッキとテレビ、そしてＮＨＫ製作「スリーマイル島の四日間」を録画したビデオテープを持って行った。新潟県小千谷での単身赴任時代、葛岡はＡＶ機器を趣味とする同僚の影響を受けて、当時にしては珍しくビデオデッキを購入していた。それで気になる番組を録画し、後で見るのが息抜きだった。葛岡が何気なく録画した「原子炉溶融の恐怖　スリーマイル島の四日間」は、志和の学習会で上映された。谷渕はこのビデオに着目する。

見終わった瞬間、コレダ！と私は思った。千金の価を持つ「ＮＨＫ」の製作、そして何よりも婦人に訴えるところが大きい。学習会の場で葛岡先生からテープをお借りし、次の日早速ダビング（複写）した。しかし、ビデオデッキとはどんなものやらほとんどの人が見たことも聞いたこともない田舎町では、これを学習会で使ってゆくには大変な抵抗があった。［谷淵　１９８１、14-15］

谷渕は、これまで原発反対運動になかなか動かなかった女性たちが食い入るように見ているのに気づいた。女性の動かない運動はダメだ、と谷渕はふるさと会幹部を説得し、中古ビデオデッキを最初に２台、最終的に５台購入した(80)。葛岡がおいていったテープはダビングされて、多い日は一日３、４度開かれる各地の学習会で使用された。何度もビデオテープを見るなかで、番組を窪川町民の言葉に翻訳する作業がなされていった。たとえば原発の構造を説明する温排水について、興津の海が実際に何度になるのか、四万十川の流量と比べるとどれくらいの量が一日流れるのか、そして炉心溶融が窪川で起きたらどんな事態になるのかを、掛図とともに説明した(81)。最初は２、３人しか集まらなかった学習会も、１９８１（昭和56）年になると次第に、「あのＮＨＫを見た。原発は怖いよ。あなたも一度見に行ったら」という声が広がり、参加者を増やしていった［田中　１９８３、16］。

志和の人びとと葛岡

一方、11月の講演会の後、葛岡は医師として運動に関わる人たちを側面から支援するために毎月窪川に通い、志和を拠点に健康相談と指圧講座を開いた。四国勤労病院に勤務する若い医師たちもここに参加した。中野重子は自分が経営する旅館を会場に提供し、そこに反対運動に参加する人たちが台地からも参加した。反対運動をする人たちが健康を崩さないようにという葛岡の思いで、志和だけでなく、島岡家など窪川の各地で開かれた。葛岡の活動は、原発騒動の間続く。以下、葛岡の回想である。

原発騒動の間、志和に通い続けた医師、葛岡哲夫

リコールに勝ったけれど、いずれ巻き返しが来ると思いました。だからリコールが終わっても、少しはお役に立つだろうと思って、ずっと志和を中心に窪川に通いました。新潟にいた頃に、中国針の勉強会をしていたので、針灸療法や指圧の基本的知識はありました[82]。参加した人が医者に頼らず、毎日自分自身で健康管理ができるように、ツボの勉強会にしました。本当に必要な人にだけ、針をあげました。中野さんの旅館を会場にすると、漁民もだれがだれだかわからないが、たくさんきてくれました。窪川原発ができたら、志和は建設の拠点。立地の中心のところで活動するという意識も確かにありましたけれど、それ以上に志和の診療所が閉鎖されてしまったこと、何より中野さんなど志和の人達

と気が合ったことが毎週土曜日に通い続ける理由になりました。

葛岡を講師に志和の中野の旅館で開かれた「健康を語る夕べの集い　医者が語る健康法と住民が話しあうむらづくり」には、「志和地区でも毎早朝歩く人がだいぶふえています。その毎日の健康法をお話にきてくれます。注射だけが治療ではない。病気をしないからだと病気をしないむらづくりこそ最大の健康法です。多数の方の御参加を訴えます」[83]と書かれている。

生命のフェスティバル

窪川原発反対運動が、窪川住民が中心になって活動を展開する中で、方舟の会の人びとは側面的な支援に徹する。[84]メンバーの一人下司孝行は、リコール運動に没頭せざるを得ないふるさと会の人びとの代役として島根の講演会に参加し、現状を伝えた。リコール投票当日は固唾をのんで見守るしかなかった、と田中正晴は語る。

そんな方舟の会と、その姉妹団体である土と生命を考える会のメンバーが、谷渕らとともに企画したのが「反原発のための野外コンサート　生命（いのち）のフェスティバル」[85]である。フェスティバルは、半年余りの準備の後、1981（昭和56）年7月31日から8月2日までの三日間にわたり、興津小室の浜で実施された。全国から3000人の参加者を集めた。谷渕は村長を、方舟の会の西隈隆則が助役を務めた。喜納昌吉や白竜などのコンサート出演者、中山千夏、矢崎泰久などのティーチイン参加者とともに、高知県自然保護連合の山崎圭次、ふるさと会会長の野坂静雄、島岡幹夫が登壇している。二日目に開かれたシンポジウム「今問う、原発をそして私自身を」には、野坂、山崎、島岡、喜納そして保坂展人、ニューメキシコ州在住のアメリカ先住民エルシー・ペシュラカイ、パラオ諸島のノーベル・ハルオが登壇した。砂浜は水着姿の若者たちが埋め尽くした。彼らの前にあるステージで、ひげ面の喜納、保坂、そして谷渕らと並ぶなか、野坂は演壇の中央にニューメキシコ州とパラオ諸島からのゲストに囲まれて立った。島岡はシンポジウムで発言するだけでなく、「皆さんようこそ、地元窪川生産者の新鮮な牛乳を」という看板を立てて、牛乳の販売をした。

谷渕という移住者が媒介となり、野坂と島岡という地元農民と、全国から集まった雑多の支援者を結んだ瞬間だった。シンポジウムの司会を務めた谷渕は、島岡の「ほんとの保守、良識ある保守の人たちに呼びかけて、その半数の人たちが反対運動をしている」という発言の後、野坂の発言に転換する途中に次のように発言する。

ミキオさんに言わすと、俺のこと、ずーっとアカ、アカと言ってたんだよ。俺、共産党じゃないけどね。畜舎へ遊びに行くと「オイ共産党来い。コーヒー飲ましたる。」と言うし、しばらくして俺が過激派だとわかると、「オイ過激派来い。コーヒーだぞ。」なんて言ってんだよね。俺もそれに慣れてるからね畜舎へ入っていくと、「オイ右翼いるか。」と言うんだ。そういうケッタイな付き合いなのでありますが……。今、島岡さんが言われましたように野坂さんの方から……。［反原発キャンプイン実行委員会　1982、68］

野坂は応答する。

私は今、日本人が、ほんとに胸に手を当てて反省する時代じゃないかと思っています。原発の問題も大切ですが、これから日本が生き延びる為には、もう少し謙虚にならなければいけない。ほんとに我々、明治生まれの人間の成長期には、節約が美徳でした。ところが経済成長の時代には、消費を美徳にしなければ、経済的発展はないということになり、今は、日本人一人が、未開発国の何十人分もの世界の資源を食い潰し、それが我々の環境、自然を破壊するという状態になっている。やがて、もっと大きな形で、その仕返しが来る。そのあたりのことを、よく考えようではありませんか。［反原発キャンプイン実行委員会　1982、69−70］

生命のフェスティバルは、68年以降のオルタナティブな社会運動の成果として結実した。突如都会の若者が大挙して押し寄せたことに、地元の反発もあった。私は、コンサートに一日だけ参加した人から、「キャンプ場の回りに大量のコンドームが落ちていた」という噂話を聞いたことがある。原発事故が起きた場合、どこまで放射能が飛ぶのか調べるために風船を大量に飛ばしている。そのためコンドームではなく、風船だったのではないか。同じゴム製品なので間違えられたのだ、という笑い話も聞いた。いずれにしろ、窪川に押し寄せてきた若者の波に町内の反応が分かれていた。

そんななかで、野坂は窪川に生きてきた人びとの土着の言葉から応答し、そして「この時代について、よく考えようではありませんか」と呼びかけた。7月31日に開催された前夜祭の盆踊りには、地元興津の農家たちも合流し「もう一日やってもいい」という声が地元から上がるほどに盛り上がった。中嶋好子は踊りの後に、参加者に、「子供の為、孫の為、皆が健康でいられる為、誰がなんと言おうと原発はつくらせないよ」と語ったという[8]。

祭りの後で

方舟の会最年少メンバーだった小島正明は、高知県安芸郡奈半里町出身で、関西方面でついた仕事をやめた21歳の頃に、方舟の会に関わり始める。彼は原発反対運動だけではつまらないと塩つくりを志し、伊豆大島で一年間の修行の後、島岡らの支援を受けながら、1982（昭和57）年から窪川の隣町である佐賀町（現在合併して黒潮町）の熊ノ浦で天日塩を始めた。

方舟の会のメンバーとして窪川原発反対運動に参加した小島正明。現在、黒潮町で製塩を行なっている

「原発の電気を都会に送るより、いい塩を送ろう」というのが、小島の変わらない思いである[87]。

谷渕は生命のフェスティバルの後、反原発運動から少しずつ距離をおき始め、農業に向かっていく。1985（昭和60）年頃には、2頭から7頭の牛を飼い、400羽の鶏で卵を生産した。そして無農薬栽培で、水田2反、小麦1反、ジャガイモなどの野菜や牛の飼料を合わせて7反の営農を行なっていた［塚田　1985］［谷淵　1986］。

谷渕は、島岡ら町内の6人の農家と連携しながら、

1983（昭和58）年に無農薬野菜の生産グループ「窪川じゃがいもくらぶ」をつくった。

原発問題というのは結局、都市の肥大化、つまり都市住民が増えて都市が巨大になっていくことによって、時代が要求するものなんだ。だから、原発に反対している現地の者の思いを都会生活者に伝える必要があるっていうことで、とりあえず「じゃがいも」を媒体にして、我々の反原発の思いを都市住民に伝えようということで始まったわけ。［谷渕 1986、39］

じゃがいもくらぶのメンバーは、関西一円を対象に野菜や米を出荷した。1986（昭和61）年段階でメンバーは20人、原発がなくなっても、原発に伴ってくる膨大な投資や補助金がなくなっても、農業で生きていけることを実証すること、反原発の思いを多くの人に伝えることがメンバーの思いだった。

方舟の会メンバー松林直行や田中正晴は高知土と生命を守る会をつくり、有機農業の共同購入を始めた。やがて、1982（昭和57）年から高知市内で無農薬野菜の店「やおや四季」を開き、県内各地の無農薬野菜の販売を始めた。1986（昭和61）年頃、無農薬栽培に取り組む高知県の生産者が県外を対象に農産物の流通ルートを切り開くため、高知県生産者連合が結成され、じゃがいもくらぶのメンバーもここに参加した。谷渕は立ち上げ時の代表を務めた。松林や田中など販売部分を担う人びとと連携しながら、高知県生産者連合は1988（昭和63）年に有限会社高生連となる。島岡が原発推進派の農民たちにも有機農業を広めていくなかで、彼らが生産する農産物の販路として高生連は活用されるようになる。高生連を通じて大地を守る会との付き合いも始まり、大地を守る会のスタディツアーを通じて東北タイのタラート村と出会い、島岡の10年以上に及ぶ交流が始まる。

谷渕をめぐる語りは、窪川原発反対運動に花を添える。土着の運動に、当時の時代の風が吹き込み、そして適度に交わり、適度に交わらないなかで、独特の窪川の形を生み出していく。

しかし、谷渕は窪川を去る。

〈境界人〉として窪川に戻ってきた谷渕は、その〈境界人〉としての力を十全に活かしながら、反対運動に新たな息吹を吹き込んだ。窪川の若者や女性を活気づけ、外からさまざまな人びとを窪川に引き寄せた。しかし境界にあることで次第に疲弊し、やがて窪川のむらに溶け込むことのないままに去って行く。反対運動に打ち込むなかで、世話ができなくなった牛が死んだこともある。前章で登場した農民たちが、原発運動のなかで家族に負担を強いつつも、それでも何とか乗り切っていったのに対して、谷渕には血縁的・地縁的なつながりが薄く、経営的な基盤も脆弱だった。原発反対運動の後、県内の核廃棄物処理場の問題でも動き回るが、それも医者の息子が道楽としてやっているのだという噂がついて回った、と妻の谷渕恵美子は語る。「根無し草になりたくない」と言って窪川の地で牛を飼い始めた、谷渕の孤独を想う。

方舟の会メンバーとして窪川原発反対運動に参加した田中正晴。現在、高生連とともに、浦戸湾を守る会事務局長を務める

窪川を去ろうとする谷渕を、島

岡和子は「谷渕行くな」と言って背中にしがみついて止めた。酪農婦人部として、谷渕が移住してきた頃から付き合いが深かった和子は、谷渕が学習会の食事を参加者の持込みにして、その家の主婦の負担を軽減しようとしたことを、外からやってきた谷渕らしい優しいアイデアだ、と語る。

島岡の引力と、その余韻

伊方報告事件

谷渕が「右翼」と呼んだ島岡の経歴と佇まいは、ときに原発推進の内奥にあるものすらも引っ張り出してしまう。その際たる例が、伊方報告をめぐる事件である。

島岡は1981（昭和56）年2月5日午前3時15分に窪川を立って、伊方に向かった。同行は宮内重延、河野守家、宮地章一、中平佳男、常石平良、野坂光洋の6人だった。島岡は八幡浜魚市場、伊方町役場、企画財政課長、福田町長、原発設置地区である九町住民（伊方原発反対八西連絡協議会メンバー）、町見町農協専務理事、町見漁協組合長、亀浦地区ミカン皮はぎ共同作業所をまわり、「伊方報告」をまとめた(88)。

このときが島岡の2回目の伊方訪問であった。初めて訪問したのは1976（昭和51）年暮、伊方原発一号機はまだ建設途中だった。2回目の訪問の伊方の様子を、島岡は次のようにまとめた。「原発が四国で一か所だけ稼働する町には、全く活気がない」「新しい建造物は点在する。しかし、それらを継ぐ町並に発展を目指す活動がない」「農民も漁民も生産の意欲を失い、商工業界にもその影を色濃くおとしている」。そして、「将来に何の計画も展望もなく進められる町行政の実態を目の当たりにして、維持管理に多額の金が必要となる公共建造物ばかりに意欲を燃やしている原発町長、この町の二十年三十年後の姿に背筋が冷える思いがした。伊方の現地をつぶさに歩いて、よりいっそう、わがふるさと窪川町を四電に売り渡してはならないと思った」という言葉で報告を結んだ。

福田直吉伊方町長との会談の内容は、次のようにまとめた。


「福田伊方町長の意見（三号機も受け入れる姿勢）
△町民の要求をみたすために金がいる
△将来のことを考えていない。二十年三十年後の展望など全くない。
△原発が停止した後のことについてはまた次の人達が考えればよい。
福田町長の発言。

今度十六億円かけて公民館を建設する。県もなんでそんな大きな建物がいるかといいよる。今日これから松山へ金をねだりに行くのじゃ。

――町長自らタカリ姿勢を表明している。大公民館は避難場所か？――」


この『伊方調査報告』がリコール投票直前に騒動を巻き起こした。伊方町長と企画財政課長が、ここで書かれている町長の発言内容は名誉棄損であり、執筆者の島岡を訴えるという内容証明書付きの抗議文を2月20日付で送ったのである。原子力立地調査推進県民会議窪川支部が町内に配布したビラには、「伊方町長より島岡幹夫氏にこのような内容証明書つき抗議文が来ました」と書かれ、その内容の写しが載せられている。つまり島岡が作成した「伊方町調査報告」の中の伊方町役場関係項目については「事実と反すること、発言を曲解していること、表現を意図的に粉飾していることなどから、総体的な内容が発言者の真意を伝えることなく、当方の名前を使った貴殿の一方的な意見開陳となっている」「このことは極めて遺憾であり、迷惑千万であると同時に伊方町を冒涜したものであると考えます」として、伊方町長が島岡に対して厳重抗議と、謝罪を要求していることを伝えた。

ビラを受けて、ふるさと会事務所にマスコミ各社が殺到した。リコール投票前の大事な時期に、ふるさと会のメンバーは動揺した。

しかし、島岡は即座に伊方町に電話をかけた。彼は先方に「通信の秘密」を知っているかと問う。であれば、なぜ内容証明付きの信書の内容が、すでに町中に出回っているのか、と重ねて問うた。動揺するのは相手の番だった。ビラは、島岡に内容証明つきの郵便が届くよりも前に印刷・配布されていたのである。

ジャーナリストの鎌田慧は、この事件を次のようにまとめている。

伊方町長はその文章の作成者に内容証明書で抗議文を送った。それを受けて窪川町はパンフをつくってバラまいた。そのなかで、伊方町長は、「島岡さん達（パンフの執筆者）は推進派だと思い、純朴な蓄産（ママ）関係の後継者と思っていた……それが意外や反対派の中心人物とは夢にも思えなかった。また窪川町議会の事務局の連絡の中でも、全然そのことを教えてくれなかった。町同志のおつきあいの上からもこういうことは事前に教えてほしかった」

町長は原発反対派を賛成派と勘ちがいしてうっかり本心をしゃべってしまったらしかった。四国電力傘下の両町は、たがいに連絡をとりあっていることがこれでわかった。［鎌田　1982、80-81］

若者が島岡に託したもの

島岡の反対運動を、さまざまな人たちが支えた。

リコール運動当時、島岡の専属運転手をかってでていた井上富公は1959（昭和34）年に、谷渕が暮らした若井川に隣接する高野に生まれた。当時二十歳（はたち）を過ぎた頃で、自動車の修理工場で働いていた。社長が原発反対だったので、運動には自由に参加できた。島岡とはもともと付き合いはなかったが、反対運動に関わるうちに関係を深めた。

青年として原発反対運動に参加した井上富公

井上は、「幹ちゃん（島岡）と一緒に、国を相手に喧嘩するのが楽しかった」と当時を回想する。リコール運動のときは公職選挙法に関係がなく、何台でも街宣車を出せた。そのため同世代の反対派の仲間で、窪川町内あちこちで街宣活動を行なった。ある地域では推進派住民に取り囲まれた。一人が公衆電話まで走り、ふるさと会事務所に連絡を取り、弁の立つ年長者に助けにきてもらったこともあった。その人がマイクを持ち演説を始めると、黙って取り囲んでいた人びとも去っていった。

反対運動は、国に対する喧嘩であるとともに、独断で地域の将来像を決めてしまうようにみえる地元重鎮への反発でもあった。井上の地元選出の町議会議員は、推進派の中心人物である芳川光義であった。井上は、芳川のごり押しの態度に嫌気が差していた。もともと彼がやることであれば、何でも反対しようと思っていた。実際、芳川は原発について、これほど安全なものはない、窪川に誘致したらお金が下りて裕福になる。そんなことを語りながら原発を進める芳川の態度が、危険を顧みずごり押しをしているように、若い井上には映った。

井上にとって、原発反対運動は国からの、地元有力者の支配からの自由を意味していた。大臣や自民党の幹事長が窪川にやってくるなかで、一歩も引くことなくマイクを握り、彼らに対抗する言葉を吐き出す島岡の姿は、抑圧するものへの抵抗の象徴でもあった。

もう語らない人びとを想う

2014年の8月、いつものように島岡家に居候していた私は、島岡和子から数日前に亡くなった細木勉の話を聞いた。食事を済ませた和男や愛直夫婦、二人の孫たちは、それぞれの仕事場や部屋に去って行き、部屋には和子と私がいて、茶を飲みながら語りあった。

細木勉は、窪川町道徳の出身であった。仕事は、土木作業に従事していた。子どものころから裕福な家ではなかった。細木は反対運動に個人として参加した。日雇いの仕事の休みを取り、島岡幹夫をはじめふるさと会のメンバーが志和や、興津に行くときに、運転手を買って出た。大型の車も運転できる彼は、トラックやバスも運転した。伊方訪問のときに車を出したこともある。島岡幹夫とは、伊方訪問を阻止するために機動隊が出ているから、ダイナマイトを運ぶかと冗談を言い合ったりした。

家族のことはおろそかになってしまったが、彼は原発をつくらせないことが家族や、彼らが生きるこの地域のためになると考えていた。反対運動に日当は出ない。せめてもと、幹夫や和子は自宅でとれた米や野菜を細木に贈った。

島岡和子は彼のことをずっと忘れなかった。彼の葬儀に参加したときも、彼が単に家族のことを考えずに活動に没頭していたのではなく、未来のことを考えて、運動に参加したことを家族や参列者に伝えたかった。和子は、亡くなった細木の顔をなでた。

原発騒動は、いくつもの家族を壊した。決して人びとが家族を壊したのではない。原発騒動が家族を、地域を壊したのだ。その壊れてしまったものを見つめながら、その恢復を祈る人びとが今も窪川には生きている。

島岡と一緒に窪川の町を車で走っていると、通過する地域に縁のある反対運動を支えた人の話が出てくる。魚の川の酪農家である浜田健一は、反原発運動に走り回る島岡の牛の面倒をみた。朝刈った牧草地の草を、浜田が牛小屋に運び、一部を自分の家に持ち帰って牛に食べさせた。浜田はあまり豊かな農家ではなく、米が5反、乳牛20頭、飼料畑という経営で、独り身だった。原発騒動のあと、浜田は胃がんになった。胸騒ぎがして、須崎の病院に和子、息子の愛直と見舞いにいった。浜田は「よく見舞いにきてくれたなあ」と振り絞る声で語り、島岡親子が見守るなか、浜田はその夜に息絶えた。

幹夫と和子、その語りの余韻のなかで、私と出会うことなく亡くなった人びとのことに想いをはせる。原発反対運動の時代が重要なのではない。原発騒動に巻き込まれた人びとが、巻き込まれてしまったなかでそれでも途切れずに続けようとしてきたものを、その後も生き続けるなかで引きずった葛藤を、今、私たちは心に刻み続けなければならない。島岡の饒舌な語りと、その余韻は、窪川に根づくことなく去って行った人びとや、語りを残さずに彼岸に渡っていった人びとの存在を気づかせてくれる。

《注》

(68) 島岡家は、平家の落人と伝えられ、かつては沿岸部に居住していた。そこから移設された先祖の墓を、島岡は婿入り以来ずっと守り続けている。かつて住んでいた土地は鶴津と伝えられる。窪川原発の建設予定地である。朝鮮半島の流れをくむ霊媒師に「あなたには強い侍の霊がついている。それに守られているから、命を狙われても生きているのだ」と言われた。島岡は、島岡家の先祖の霊が自分を守っていると考えている。

(69)「特別天然記念物　オオサンショウウオ　東又川でみつかる　四国でいないとされていた生き物」『高知新聞』1967・5・8を参照。

(70)「窪川町長三たび佐竹氏　楽勝ムードで苦戦　伊与木陣営小差で大魚逸す」『高知新聞』1975・1・25。

(71)『高知新聞』1980・10・9朝刊を参照。

(72) 志和の歴史については、郷土史家の佐々木泰清がまとめている［佐々木　2001］。

(73) 志和では明治32年に、須崎西内森蔵の投資を受けて冠岬に最初の大敷網を敷いた［窪川町史編集委員会　1970］。

(74)『窪川町史』によれば、1947年志和出身の熊谷梅次によって二重落とし網の開発と設置が行なわれた。その後、志和出身で大洋漁業の森田成稔が中層式落ち網の開発普及を行なった。しかし、ブリの漁獲高は1969年、1970年をピークに減少の一途をたどっている［窪川町史編集委員会　2005、636-640］。

(75) 以下、読売新聞2009・2・7大阪朝刊（高知版）より。
釣り好きならご存じの方も多いでしょうが、四万十町志和（旧窪川町）の渡船「くろはえ丸」の名物船長・田村敬吉さんが、先月亡くなりました。91歳でした。葬儀には大物を釣らせてもらった釣り人も参列したそうです。20年以上も前、須崎通信部で勤務していた頃、何度か取材させていただきました。

「敬ちゃん」の愛称で親しまれ、小柄で赤銅色に日焼けした顔は、いつも笑顔でした。話し好きで、釣りや魚のことなど、たくさん教えてもらいましたが、印象に残っているのが、釣り餌の話です。

「釣りゆうたら、田んぼで取ってきたエビでしよったが、戦後、出回った琵琶湖産のエビが、こじゃんと釣れるのでたまげた。そのあと、登場したボイルのオキアミは、もっと釣れる。まもなく出てきた生オキアミはものすごかった。においと脂がきついやろ。魚が寄ってくるんや。腕前なんか関係なくなった。町一番の釣り師が、『やっとられん』と釣りをやめてしもうた」と、しみじみと話していました。

当時、窪川では原子力発電所の建設計画が持ち上がり、町は建設推進派と反対派に二分され、厳しい対立が続いていました。敬ちゃんは、絶対反対の立場にいました。くろはえ丸を継いだ甥御（おいご）さんは「放射能とか自然破壊とか難しいことより、古里が変わるのが嫌やったんやね」と振り返りました。

線香をあげさせてもらおうと、久しぶりに志和に行きました。原発が幻に終わった結果かは分かりませんが、車がすれ違えないような細い道は昔のままでした。でも、敬ちゃんが愛した志和の青い海も、昔のままでした。（高知支局長　広浜隆志）

（76）窪川町内初の反原発運動の集会は、1980年4月29日の興津小室地区の学習会であると記録されている［梶原　1988］。その一月前に方舟の会が活動したことになる。方舟の会のペンネーム坂本熊子の記録では、方舟の会の情宣活動によって、最初は消極的だった地元の人も、宣伝カーのマイクを握り、本格的に反対運動に取り組むようになった、と書いている［高知県自然保護連合・方舟の会　1981］。私がこれを裏づける証言を聞いたことはない。

（77）谷渕については、［谷渕　1980］［谷淵　1981］［谷淵　1982］［谷淵　1986］を参照。

（78）2014年5月21日谷渕恵美子氏への聞き取りから。

（79）コラルジル中毒症については、葛岡も所属していた新潟大学第三内科自治会の資料を参照［新潟大学第三内科自治会　1971］。

（80）個人で購入したメンバーも多く、最大10台が稼動していたという［谷淵　1981］。

(81) 谷渕は3枚の掛図を使ったという。一つは原発の構造様式図。これをビデオ上映前に30分かけて説明する。二つ目は、原発所在地を書き込んだ日本地図。ここには、「原子炉溶融事故が起きた場合、風下住民が1〜2週間以内に死滅する半径40mi(64km)、発癌率の増加する半径200mi(320km)の予想範囲」を、窪川を中心にした円で示している。三つ目は、800万分の1のアメリカの地図で、乳幼児の死亡増加のあったとされるペンシルバニア州北東部の大きさとを同縮尺の日本地図と並べ、放射能汚染が如何に広範囲に広がるのかを示した[谷淵 1981]。

(82) 葛岡は医者たちの中国訪問にも参加し、文化大革命に際に生まれた「医療教育でも広大な大衆の欲求を満たすための大衆医としての〝はだしの医者〟という思想と、中国伝統医療と西洋医学の結合という視点の影響を受けたという。葛岡が勉強会の参加者に配布した資料は、[北京中医学院 1968(1970)]である。

(83) 甲把英一氏所蔵ファイルを参照。

(84) 実際、社会党や共産党の代議士、県議会議員への応援要請はなく、たまたまきても土間に座らせて演説させなかった[坂本 1981a]。応援のためにやってきた県議会議員が街宣活動をする機会がなく、反対運動の事務所で手持無沙汰にしていたという話もある。

(85) 『キャンプイン通信』第1号(1981年4月1日発行)、第2号(1981年6月1日発行)『CANPIN 4号 生命のフェスティバル』(1982年6月2日発行)を参照。

(86) 東京からの参加者、丸谷文映の証言[反原発キャンプイン実行委員会 1982]。丸谷の文章は、「スパイ」として恐る恐る参加した地元の若者が祭りのなかで心を解きほぐされ、最終日には本部テントの野菜売りをしていたことを伝えている。

(87) 2013年12月9日小島正明氏への聞き取りと、以下の新聞記事から。「底流 四万十川と核10 「豊かさ」とは」『高知新聞』2914・8・28を参照。

(88) 伊方報告の詳細は、[島岡 2015]に所収されている。

第四章　邑の象徴
——野坂静雄とその精神の遍歴

1981年３月８日、町長リコール投票。開票結果を待つふるさと会会長の野坂静雄。右側は島岡幹夫

四万十川と地域史的個人としての野坂静雄

四万十川は津野町東津野の不入山の東斜面を水源とする。大野見を経由し、松葉川で窪川に入り、南へ向かう。そのまま南下すれば太平洋までは程ない。けれども窪川の市街地に差し掛かる頃に、太平洋との間に立ちはだかる高南台地によって大きく流れをかえ、支流の水を集めながら蛇行していく。山間より出でて流れる川が、台地に遮られて蛇行を繰り返し、本流の長さ196㎞の大河となる。流域の面積は2270平方㎞。窪川町長の東部を流れる東又川も、仁井田川もやがて、窪川の中央部で四万十川に合流していく。本流の流れが台地にぶつかり蛇行すること、そのことによってたくさんの支流を合流させていくこと、それはまた窪川原発反対運動を象徴するようであり、またその代表者である野坂静雄という人物を象徴するようである。原発騒動当時、野坂静雄はこの四万十川を「子々孫々まで残さなければいけない」と語っていた。

国土の周辺に過疎と高齢化の烙印を押し、中央の経済成長を支える後背地となることを迫る。周辺がかしずけば、惜しみなく中央で得られた富を分配しよう。原子力を主要電源の一つと位置づけた日本政府は、石油ショックによって喧伝されたエネルギー危機を受けて電源三法を成立させる。中央のために電源を供給することの見返りに、数十億の電源立地交付金をばら撒く。各電力会社は国家や地方行政と連携しながら、原発建設に邁進する。札びらで頬を叩いて、一つひとつ原発がつくられていくのは、まさに既定路線であった。しかし、窪川をはじめ多くの場所で電源三法成立後の新規立地は計画通りには進んでいない。立ちはだかったものの内奥に何があったのかを探るのが、本書の目的である。そして本章は、それを野坂静雄という個人のなかに読み取ることを試みる。

日本の住民運動史において、野坂静雄の名前は燦然と輝く。
窪川町の名士の家に生まれ、町政と農業の中心を経験しながらやがて原発反対運動のリーダーとなった野坂は、その生きざまを通じて、町内の諸勢力を、反対運動をはじめとする窪川のむらづくりの運動に巻き込み、自身その葛藤を担いながら、むらの関係や生産の構造に変化を起こしていった窪川の「地域史的個人」である。[89] 野坂の来歴を語ることは、窪川の地域史を語ることになる。地域史はやがて、世界史にもつながっていく。

反対運動に参加した人たちに話を聞くと、誰もが口をそろえて原発を食い止めた最大の功労者は野坂静雄であったと語る。野坂は窪川町農協の組合長を務め、市川和男が事務局長を務めた窪川町農村開発整備協議会の会長を務めた。同時に、窪川の自民党の支部長も務めた経験をもつ。それゆえ野坂は、穏健な保守が立ち上がり原発を止めた象徴とされる。

窪川は農業を中心にした一次産業の町として発展するべきだというのが、野坂の持論だった。同時に農協組合長時代から、「昔のような有機農業に戻す必要がある」と語っていた。「多肥料多農薬という今のような農法でやっていくと、人間の食卓は汚染されてしまっていつか人間滅びやしないか、いやそれよりもその土地自体から生産ができなくなりやしないか」と、原発騒動の直前1977（昭和52）年頃から考えるようになったという。「工業立国という美名の下に、置き去りにされ、労働力供給源としてしか見られていなかった日本の農業と農村の病める姿ですよ。労働力を奪われ、機械化され省力化され尽くした農村には、化学肥料と農薬に頼る以外に、手間暇かけた土づくりも作物づくりも不可能になっていた[90]」。

農本主義者の野坂が、原発反対運動に立ち上がった説明は誰もが納得できるもののはずだ。

しかし、野坂の人生を辿っていくと、必ずしも農本主義者ではなく、むしろ大日本帝国の対外進出を支える企業の技術者であった時期も存在している。戦前の野坂は財閥企業である浅野セメント社員として、セメント工場のタービンの技術者として活躍していた。勤務地は、東京や川崎、そして台湾の高雄など窪川から遥かに遠い場所だった。原発騒動の時期だけに光を当てても、事実の一面しか見えてこないというのが本書の主張である。同じことは野坂の人生についても言える。野坂は窪川町役場の要職を歴任し、町長選挙にもリコール後の出直し町長選挙の遥か前に出馬もしていた。折々において、後に反原発運動をともに闘うことになる人びとと対立したこともあった。

タービン技術者として活躍する若き日の野坂静雄が、原発反対運動の象徴になるまでの道のりをたどることで、窪川の反対運動に至るまでのこの町の因縁が明らかになる。同時に明治生まれの人間が、世界史と地域史の激流のなかで、己の思想をより開かれたものに鍛え上げていく精神の遍歴が見えてくる。

タービン技術者として

生い立ちから、浅野セメント時代

野坂静雄は、1908(明治41)年に窪川町大井野に生まれた。大井野の東側で、北から流れてきた四万十川は、西に流路を変える。そのため、大井野のあたりは平地が広がる田園地帯になっている。四万十川は恵みだけをもたらしていたわけではない。四万十川は、1890(明治23)年7月27日に大水害を起こし、家族を避難させ家に残っていた野坂の曽祖父三吾、高祖父久米蔵の命を奪っている。二人の死後、野坂家は三吾の息子保馬が継ぐ。この時代、野坂家のもつ田畑は25町を超えて、四万十川周辺に山林を多くもつ窪川有数の大農家だった。

保馬が１９２６（大正15）年に65歳で死ぬと、長男の昌宏が家督を継ぐ。昌宏は１８８６（明治19）年生まれで、明治大学を中退している。昌宏の姉である梅が野坂の母であり、婿をとって二人の男の子を産んだ。しかし、梅は静雄の弟を産んだ後、27歳で亡くなった。野坂は幼くして実母を失った。父親は後添いを興津からもらった。継母は野坂のことを余りかわいがらず、野坂は母方叔父の昌宏の家に出入りするようになる。本家の跡取りだが、体が弱く、子に恵まれなかった昌宏は姉の子を可愛がり、後に彼を養子とした。

野坂は高知工業学校機械科に入学した。高知工業は、竹内綱、明太郎父子によって創立された、「工業富国基」を建学の理念とする高知県唯一の工業教育機関だった。卒業後、18歳で浅野セメントに入社し、東京蒲田の宿舎に入る。やがて高雄支店へ配属された。野坂は、セメント工場の排熱で発電する蒸気タービンの技術者となった。

浅野セメントは１９１７（大正６）年に川崎とともに台湾高雄に工場を新設した。日清戦争後に台湾が日本の植民地となると、港湾、鉄道、下水などのインフラ整備と、製糖会社の工場施設建設のため大量のセメント需要が生まれた。これに目をつけた浅野セメントは、１９０８（明治41）年から台湾に出張所を開設した。出張所は工場建設の１９１７年に支店へ昇格した。ちょうど野坂が赴任する時期である１９３０（昭和５）年には増産工事が竣工し、増設部が第二工場、既設部が第一工場と呼ばれた。高雄工場は、台湾随一の近代的セメント工場として日本の植民地経営と、浅野セメントの南方進出を支えた。(91)

日中戦争が始まる１９３８（昭和13）年の２月、野坂は結婚した。妻となる北村督子は、営林署長を務める地元の名士であった父をもち、琴や花などの作法をひととおり学んでいた。父親は勤め人ならば大丈夫だろうと、野坂との結婚に積極的だった。二人は新婚生活を高雄の地で過ごす。督子は台湾の人びとによくされたという思い出を、後に娘たちに語った。原発騒動のさなか野坂は亡くなるが、その間際に病室にかけつけた娘たちに「いつかお母さんを高雄に連れて行ってほしい」と語ったという。1929（昭和4）年の大日本職業別明細図「高雄市」を開くと、会社欄の先頭に浅野セメント高雄支店が記され、主たる工場の第一に浅野セメントが挙げられている。大企業の勤め人として、地縁や血縁のしがらみから離れた台湾高雄で新婚生活を送る、野坂の幸福感を想像する。

日中戦争勃発後は、台湾島内の需要が急増した。しかも輸送機関が十分に機能しないなかで、日本内地からの移入が困難となった。このような状況のなかで、高雄工場は生産拡大に進んだ。1932（昭和7）年にセメント連合会の生産制限のなかで操業を停止していた第一工場が再稼動し、また原料粉砕機の改廃、回転窯および冷却機の容積拡大を行なった。新婚当時の野坂は、エンジニアとして、日中戦争の開戦と、セメント需要の高まりのなかで進む工場の改造計画の渦中にあった。

やがて結婚の同年12月に長女が窪川で生まれた。野坂は高雄と東京を往復し、妻子は東京に家を借りた。野坂の留守が多いことを心配し、野坂昌宏は督子のために女中を送ったという。

日中戦争が終わらないまま、太平洋戦争に突入すると、東京の食糧事情は逼迫していく。野坂昌宏は窪川から米や野菜を送った。野坂にも召集が近づいた。しかしタービン技術者として必要不可欠な人材と判断され、浅野セメントの別の社員が出征することとなった。その人が戦地に向かう前に、野坂と彼は高雄支社ですれ違った。言葉を交わさなかったが、自分の代わりに戦地に行く人とわかった。ただならぬものを感じながら日が経っていった。しばらくして、その人の乗った輸送船が戦地に向かう途中に撃沈されたことを知った。

原発反対運動に際して、老体に鞭打って運動の先頭に立つ野坂を家族は心配した。そのときに野坂が語ったのは、この記憶であった。「おとうさんは一回死んじゅう人間やき、地域のために命を捨てても構わん」という言葉を、娘の矢野堯子は今も克明に覚えている。

1943（昭和18）年次女の和子が生まれると、野坂は1940年に高知への配置転換を志願した。1932（昭和7）年に浅野セメントは高知の地元資本が設立した土佐セメントの実権を握り、1940（昭和15）年に浅野セメントの土佐工場として吸収していた[92]［日本セメント株式会社編　1955］。戦況は次第に悪化し、東京の食糧事情が劣悪になり、まがいものが出回るなかで、もはや東京は子どもを育てる環境にないと考えた。今の南国市にあたる土地にある妻の実家に住みながら、高知市内にあった工場に通い、やがて敗戦を迎えた。

戦後の野坂

戦前・戦中の野坂は、故郷窪川を離れて、財閥企業の技術者として東京、台湾、そして高知市で働いた。

敗戦により、財閥解体と農地解放が進む。そんななかで野坂は1947（昭和22）年に、人員整理を進める浅野セメントの職を辞して、家族を連れて窪川に戻る。野坂家の田畑は農地解放を受け、6反4畝となっていた。すっかり小さくなってしまった田畑で、野坂は農業を始めた。鍬など握ったこともなかったお嬢様育ちの督子は、結（窪川の言葉では「いう」）の共同作業にも参加し、不慣れな手つきで田植えを行なった。家計が苦しいなかでも、教育熱心な督子は娘3人を高知女子大に進学させた。野坂は娘たちの学資を、農地解放を免れた山を切り売りして工面した。
野坂は、1951（昭和26）年から1期、合併前の窪川町の町議会議員となり、副議長を務めた[93]。その後、窪川町役場に就職した。合併窪川町の初代町長で、叔父の野坂昌宏の朋友だった仮谷良徳のすすめによるものだった。野坂は役場に入ると、浅野セメントでの経験を買われて、産業課、建設課、総務課の要職を歴任した。1959（昭和34）年の選挙で伊与木常盛が仮谷良徳らを破って町長になると、伊与木は野坂を助役に指名した。

窪川町執行部時代の野坂

パラグアイ移民[94]

1955（昭和30）年に合併して生まれた新生窪川町役場の職員になり、1962（昭和37）年に助役を辞職するまでの7年間は窪川の地域史にとって重要な事件が起きた時期である。野坂はそれらの事件の行政側の当事者であった。

1954（昭和29）年に再開した高知県からの海外移民は、昭和31年度に98家族568名で全国第3位となり、昭和32年度には高知県農地開拓課が移民計画1220名と決定した。1957（昭和32）年6月には13家族70名のパラグアイへの渡航希望が出され、町ではこの移民問題を町政の課題の一つとして取り上げるかどうか協議した。同年10月に窪川町がひとまず10家族を内定した。11月、渡航手続きを終了した人びとで「第一次パラグアイ国カフエ集団移民団」を結成し、渡航準備に入った。彼らはコーヒー栽培に従事する契約移民であった。パラグアイ初の企業的コーヒー農園のアメリカ人社長ジョンソンは、ブラジルで「勤勉・誠実」という評判のあった、日本人労働者を移住させるために世界教会協議会（The World Council of Churchl、略称ＷＣＣ）を通じて日本政府に送り出しを要請した。これを受けて日本政府が応募・選考・送り出し業務を行なった。３、４年の契約期間修了後は、現地の土地を買い開墾して定着する計画だった。[95] 窪川町議会では、１９５７（昭和32）年十一月議会で移民団が出した「移民促進に関する請願」を採択するとともに、後に県議に転身し、原発を推進する美馬健男議員を委員長とする移民促進のための特別委員会を設置した。同委員会は、すでにパラグアイに移民団を派遣している隣町である大正町へ調査に行った。[96] 調査結果をふまえて検討を行ない、契約条件や開拓着手に際しての事情に不明点が多く、将来に対する見通しが立たず、悪化している町財政からの補助金の支出も不可能と判断した。そのため全町あげての移民奨励までもっていきかねるとの空気が強く、精神的援助を中心とした対策をとることとした。[97] 特別委員会には町執行部として仮谷町長に加え、産業課長として野坂が出席している。特別委員会は町執行部に、「今回の移民団に関する、契約内容、現地の状況等については町執行部において十分調査を行ない、渡航者の不安軽減に協力する」ことを要望した。その実務責任者は野坂であったと考えられる。

「新窪川町」をつくるべく希望に燃えた人びとは、パラグアイの地で辛酸を味わった。入植地に到着すると、無料貸与される家は整備されておらず、給料の不払いも続いた。経営が悪化したコーヒー会社は１９５９（昭和34）年に倒産した。各家族は自営開拓農業を目指し、日本政府からの資金の貸付を受けて、新入植地へ転住することになった。

移住当初は盛んに窪川の移民からの頼りを報じていた高知新聞だが１９５９（昭和34）年３月７日のあと、１９６２（昭和37）年４月２日まで記事が登場しない。この記事は、「パラグアイ移民　西村さん（窪川町）からたより」と題され、次のように記事が続く。

さる三十三年雇用移民としてパラグアイへ渡った高岡郡窪川町川口出身の西村正美さんからこのほど伊与木町長あてに「雇用期限も切れ、いまでは農協も組織して自営体制もでき、これからの生活に大きな希望がわいてきた」と四年ぶりに元気な便りを寄せ、音信不通で心配していた関係者をほっとさせている。

西村さんら窪川町出身の十七家族はパラグアイのCAFÉ会社の雇用移民として渡航、二ヵ年の苦しかった雇用期限が切れて、三十五年九月からカーバリエローでアマンバイ農協組合を組織し、平均二十ヘクタールの耕地もでき、精出しているという。

長い間便りもせず心配をかけた。〝晴れて便りできる日までは〟ときょうの日までしんぼうしてきた。町出身の十七家族は全員元気。同じ地区で助け合って開拓事業にはげんでいる。私たちが行ったCAFÉ会社は経営が苦しく、初めの雇用条件を守ってくれず、その日の生活にも困る状態が続き、はるばる運んできた農機具や衣類を現地人に売って急場をしのいだものも多かった。雇用六ヵ月ごろから、ようやく現地の風土にもなれ、まかされたコーヒー園にトウモロコシや小麦を間作して、どうにか食っていける見通しもたってきたが、この六ヵ月にしんぼうできずにブラジルに移ったものも多く、同社が雇用した百四十家族のうち残ったものは六十余家族。団結の必要性をしみじみと痛感した。

(中略)

なお同町出身の岡田豊、西森栄両家族はその後ブラジルへ移住、中田茂久一家も同国で借地農、佐々木三郎一家は非組合員として同地区で五ヘクタールの耕地を持ってやっている。[98]

倒産の後にもかかわらず、この便りにはそのことは書かれていない。ただ四家族が「しんぼうできず」に入植地を去ったことが書かれているだけである。「晴れて便りできる日までは」と「しんぼうした」手紙だったが、この後も入植地を離れる移住者たち後を絶たず、資金不足や霜害などの天候不順を受けて、都市部や隣国ブラジルへ転住している。1990年に入る頃には、多くの移住家族が日本に帰国した。

高知新聞は1978（昭和53）年の6月に高知県南米移住現地調査団（団長中内力知事）についての連載では、アマンバイの入植者について次のように報じる。

運の悪いことにこのコーヒー園は資金難から昭和34年に破産、労賃も七〇パーセントが支払い不能となってしまった。移住者らは先行き不安もあって大きく動揺、ブラジルに密入国したり、パラグアイの移住地に移る者が続出、残ったのはわずか四十数家族（うち県人は十二家族）だけだった。残留者は試練にもくじけず自営に転換、積極的にコーヒー栽培を進めた。その後、他の雑穀の栽培に転換したり、農業を放棄して商業に転向した者もいるが、数度の霜害にもめげず、依然としてコーヒーの収穫を続けている者も少なくないそうだ。いずれにしても、農園破産という決定的な打撃を受けながらも多くの困難を乗り越えて現在に至っているわけで、アマンバイのようなケースは南米移住史のなかでも極めてまれだといわれる。

それだけに、アマンバイ県人会が調査団一行を待ちわびる心情には切々たるものがあり、西川さんは、「今度こそ、一生懸命築き上げたいまの生活ぶりを見てもらえるものと、一同心待ちにしていた。なんとしても来てほしい」と拝むように訴えた。しかし、調査団として日程の都合上どうにもならず、

「次の機会に必ず寄るから…」と説得。西川さんは「いままでもそうだったが、また今度も〝ママ子〟扱いにされてしまった。住民になんといえばよいか…」とがっくりうなだれた。(99)

記事では、高知からの調査団の訪問もないことにうなだれる、入植者たちの様子が描かれる。このことが原発騒動時の伏線となる。野坂はふるさと会会長に就任する直前である1980（昭和55）年秋に、ブラジル、パラグアイを訪問している。娘の尭子は、この旅はパラグアイ移民団を訪ねるものであり、帰国後国への分厚い報告書を書いていた、と記憶している。自分自身が町の担当責任者として移民たちを送り出した南米を訪問した後に、野坂はふるさと会会長として立つ。

窪川町のパラグアイ移住は、原発騒動のもう一人の象徴である藤戸進を窪川に呼び寄せる。口神ノ川の藤戸家の次男に生まれた藤戸進は、1953（昭和28）年に中央大学法学部を卒業し、ごく短い間教員をした後、高知市役所の厚生課に臨時職員として採用された。そして1958（昭和33）年に長兄広光が妻子を伴いパラグアイに移住したため、跡取りとして母親の面倒をみるために窪川に戻り、司法書士事務所を開いた。やがて彼は教育委員長になり、町議となり、そして町長になって、そして原発計画を推進するようになった。兄の広光は移住者たちがつくったアマンバイ日本人会の会長に就任した。日本人会の記録では、1980（昭和55）年10月1日訪日の際の手土産として、高知県窪川町々長藤戸進（藤戸会長実弟）より運動会の優勝旗が寄贈されたとある。藤戸広光は、原発立地に関する請願書と、原発設置反対の請願書がそれぞれ出される時期に故郷窪川に一次帰国している。さらに彼は1983（昭和58）年にパラグアイを去り、ブラジルで何年かを過ごし、そして原発騒動が終わる2年後の1990（平成2）年に亡くなっている。

南米移民は農村の過剰労働力を減らし、やがて来る農業の近代化を準備するための国策として進められた。野坂は町の担当課長としてこの国策に関わるとともに、後に農協組合長として窪川農業の近代化を推し進めていく。その一方で、パラグアイに農業移民として旅立った兄の後を受けて、藤戸進は窪川に帰還し、農業ではなく、司法書士としての仕事を始めた。窪川で近代農業を推し進めていく野坂静雄、その遠心力を受けながらパラグアイまで移住する藤戸広光、長兄が去った後に窪川に戻り、やがて農業とは別の産業を誘致する藤戸進。後に語られる原発を止めた偉人と原発を誘致した権力者の間で、いまや人びとの口にも上ることのない一人の移住者のことを思うことで、この国の戦後史はより生々しく私たちの目の前に浮かび上がる。[100]

興津峠から、興津を望む

興津闘争[101]

窪川の町から東又を越えて、興津峠へ行くと、眼下に太平洋が広がる。九十九折の先に田んぼとビニールハウスが広がり、岬をはさんで二つの港がある。港から東側には美しい渚が広がる。この小室の浜で谷渕隆朗らは「生命のフェスティバル」を開いた。

1955(昭和30)年に窪川町に合併した興津は、

郷分、浦分、小室と3地区に分かれる。郷分は園芸農家が主である。第二章で登場したピーマン農家の岡部勤や中嶋好子はここに住む。浦分は漁業が中心である。それに対し、1955（昭和30）年の合併当時から小室は「全国一貧しい」部落とも呼ばれた。人口500人110世帯のうち、1反以上が16世帯。そのほとんどは胸までつかる沼のような湿田であった。漁業に従事する者も、20馬力が標準の時代にもかかわらず4〜8馬力がわずか13隻。失業対策事業が一番安定した仕事という状態だった。80％以上の子どもが一冊の参考書ももたない。高知大学小松寿子の調査によれば、トラコーマ、夜盲症、甲状腺腫も劣悪な衛生・栄養状態によって地区に集中して発生していた[102]。

このような状況のなかで、窪川町誕生の1955（昭和30）年、興津小学校・中学校の全教員が同和教育に取り組み始める。これに先立つ時代に教員への勤務評定導入に反対する「勤評闘争」を闘った渡辺斉ら若手教員たちが、通信簿の全廃や遠足の弁当をすべていも弁当に統一するなどの、興津内のほかの地域の児童との差別意識をなくすためのさまざまな取組みを行なった[103]［渡辺 1958］。

窪川町合併に伴う新たな庁舎の建設や、1959（昭和34）年の国鉄予土線の敷設工事が始まると、砂の需要が増えた。興津にも土建業者が入り、小室の主婦を雇って浜の砂を採取するようになった。興津の教員は小室の主婦や青年を集めて職場集会を開き、このときの賃金が、須崎や佐賀など県内の他地域の半分以下であることを確認した。教員に支えられながら、主婦たちは組合をつくり、土建業者や町長との団体交渉に乗り出した。そして、労働条件を改善させた。

興津闘争のきっかけは、勤評闘争に積極的に参加し、砂闘争を指導援助した興津小学校・中学校教員6人を遠方の学校に配置転換したことを、「懲罰人事」として糾弾することに端を発する。1961（昭和36）年4月8日、小室の住民は町教育委員会に抗議し、同盟休校に入った。その結果、町教育委員会は、いったん6人の教諭の現場復帰と同和教育の推進を約束した。しかし約束は履行されず、解放同盟興津支部と窪川町教員組合は異動処分の撤回と約束履行を迫って、共闘体制に入った。同年9月26日、伊与木町長、助役、教育委員会がようやく興津に赴き、二日間の交渉によって、義務教育の完全無償、高校全入、全国一斉学力テスト反対、6人の教師の復職、失業対策の枠拡大、国有林の払い下げ、大型漁船の支給、不良住宅の一掃など48項目の要求を町当局は大筋認め、覚書を捺印した。[104]

伊与木に同行した助役こそが、野坂静雄であった。野坂は1961（昭和36）年4月8日の興津小・中の同盟休校について、「異動は県が行ったものだからいまさら変更もできない。子供も犠牲にする同盟休校よりももっと話し合うとか他に方法があると思う」というコメントを残している。[105]

町当局は覚書に調印した。しかし、窪川町教育委員会は小学校における学力テストは約束どおり実施しなかったものの、中学校の学力テストは県教育委員会の圧力により実施に踏み切る。また翌年4月教師を職場復職させなかった。そのため同盟休校が度々くりかえされた。1962（昭和37）年の校長の同僚教員に対する「夜這い事件」に端を発する同盟休校では、興津中学校の生徒29名が5月30日同盟休校に入り、学校から机や椅子を借りて、消防会館の2階で自習を始めた。部落解放同盟興津支部とともに、中学校教員もこの同盟休校を支持し、全登校生徒に自習を指示した。このことに抗議した小室地区以外の父兄が中学校におしかけ、同和教育の中心にいた渡辺斉に暴行を加えたことで、警察が動員された。一方、同盟休校を支持する「労働者、農民、民主団体」によって窪川町共闘会議が組織され、伊与木町長に対して、校長の罷免、教育委員会の総辞職、解放同盟と妥結した48項目の履行を求めて連日深夜まで交渉した［木村　1962］。そして解放同盟と共闘会議は6月6日から生徒ら150名とともに窪川町役場前にピケを張り、町長、教育委員会に抗議した。町長も教育委員たちもいったんは姿をくらましたが、興津小学校も6月7日から同盟休校に踏み切るなかで、教育委員会は総辞職に追い込まれた。解放同盟と共闘会議が町当局との交渉を進めていたところに、7月4日、机・イス（わずか20脚分と黒板1枚）を撤収するという名目で、高知県警が250名の警官を動員して小室地区を強襲した。住民14〜15名に負傷を負わせるとともに、「公務執行妨害」・「暴行」などの容疑で8名を逮捕した。さらに6〜7日と9日にも再び小室地区を強襲、6名を逮捕した。

当時の様子を、高知新聞は次のように伝えた。

警官250名がトラック17台に分乗して、窪川町に出動し、前日海岸にテントをはり、地方事務所、保育園、旅館などに分宿して、小室部落を包囲し翌朝6時10分まだ寝ている人たちに向って、「抵抗するな」とマイクで放送し、ビラをまきながら侵入し、まるで反乱軍を鎮圧するような大げさな行為を、三回にもわたって行っているのである。そして、近藤検事の陣頭指揮のもとに115名の警官が小室部落を包囲して出口を塞ぎ、鉄かぶと、ピストル、棍棒で武装した135名が窪川署長を先頭に、町教委をのせた8トン積トラックとともに、威圧しながら、侵入している。［木村 1962、57］

部落解放同盟はただちに社会・共産両党、県評、教員組合、自治労などとともに興津問題対策民主共闘会議を結成し、全国的な抗議行動を展開した。そして8月30日に窪川町教育委員全員を総辞職に追い込むとともに、裁判闘争を通じて逮捕された人びとを無罪判決に導く。

原発反対運動と興津

一連の闘争は国会でも取り上げられ、窪川は全国的な注目を集めた。騒然とした町内で、野坂は町当局の一員として部落解放のために闘う小室地区の住民に対峙する側にいる。

後に小室地区から興津の反原発運動が始まり、やがてふるさと会に代表される全町的動きに合流していく。野坂がふるさと会の会長として立つことは、ともに原発に反対するものとして小室の人びとと共闘することを意味した。しかし、興津闘争のことを記憶する人びとの口からも、また反対運動の記録からも、野坂についてネガティブな評価は存在していない。窪川が一次産業の町と語るときに、そこには部落問題は見えない。しかし窪川町の原発反対運動、野坂静雄という地域史的個人の歩みにも、たとえ明示的に語られなくても、部落解放闘争の歴史の刻印を受けており、またそのことをめぐり町内でもみ合われたことが原発反対運動にもつながっていった。

志和とともに窪川の海岸部にあたる興津は、原発予定地に近い。窪川で最初の原発反対集会は、興津の小室地区で行なわれる。１９８０（昭和55）年4月29日に小室隣保館で、日本共産党興津支部と全国部落解放運動連合会（以下、全解連）興津支部共催で高知大学の保坂哲郎、白石良光、高知女子大学の大久保茂男を講師に「原発のおそろしさを知る会」が開かれ、70人が集まった。

１９６９（昭和44）年に施行される同和対策事業特別措置法をめぐる対立から、興津の解放運動は解放同盟を離れて正常化連（のちに全解連）に再編成され、共産党や日本科学者会議のネットワークを通じ、いち早く原発計画に反対する組織的動きが生まれた。重要なのは、ここに興津の農業地区である郷分からハウス園芸を営む若者二人が参加した点である。彼らが郷分の農協青壮年部や婦人部へと地区全体に反対運動を広げていく。そして、第二章に登場した岡部勤や中嶋好子たちも動き始め、反対運動を通じた小室と郷分の連携が生まれた。

これに先立つ、1979（昭和54）年に始まる湿田の乾田化事業（土地改良総合整備事業）は、同和対策事業特別措置法を活用し、客土によるほ場のかさ上げを行ない、1982（昭和57）年総面積13・4haの工事を完成させた。対象となった地区は小室地区が4割、郷分地区が6割であり、郷分の農民にも個人負担はなかった。乾田化によって、これまでハウス園芸が不可能だった土地にも、ビニールハウスの建設が可能になり、またほ場一枚が大きくなって作業効率が上がった。同対事業によるほ場整備はさらに広がり、興津峠の坂道の舗装工事も行なわれるようになった。それが小室地区と郷分の垣根を取り払っていった［全解連興津支部編　1981、89］。郷分と浦分との間で行なわれてきた興津八幡宮の祭りにも、やがて小室の人びとも加わるようになった。

一方、小室の漁民たちを中心に1980（昭和55）年11月7日反原発興津漁民会議が結成された。後にこれが志和の漁民とともに窪川原発反対漁民会議を結成した。原発推進と反対が拮抗していく志和に対して、興津漁協組合員の8割近くは推進の立場を崩さず、8人の理事のうち7人まで推進の立場だった。しかし全解連興津支部長も務める一人の理事が、毎年の通常総会で「原発凍結」を発議し続け、このことがチェルノブイリ原発事故後の1987（昭和62）年10月の臨時総会で、四国電力から申し入れのあった原発立地可能性調査の拒否と、「現時点では原発を論議する時期ではない」との決定に導いた。そして藤戸町長を辞任に追い込む、一つの契機となった。

興津と志和で結成された窪川原発反対漁民会議は、「原発は土佐湾を汚染する。海は生きている。青い土佐の海を原発で殺してはならぬ」と呼びかけ、高知県下88漁協の半数に近い39漁協によって結成された窪川原発反対高知県漁民会議（笹岡徳馬議長）に、1984（昭和59）年4月1日に参画した。(106)

野坂はふるさと会会長として、興津と志和の漁民会議の先頭に立って東は室戸、西は土佐市清水まで津々浦々を回った。その結果、ふるさと会、高知県原発反対共闘会議（国沢秀雄議長）、窪川原発反対高知県漁民会議の三者による連絡会議が1984（昭和59）年6月に生まれた。「三者が連係しながら、そして、あくまでお互いの自主性を重んじながら活動していくことが、今後の反原発運動にとって大きな力になる［野坂、ほか 1985、24］」というのが、野坂の持論であった。同時に野坂は、高知県漁連に原発をめぐる議論の主導権を握られると、やがて原発受け入れを前提とした条件闘争になるのではないかと危惧し、半数以上の漁協が加入している県漁民会議の存在が歯止めになると考えていた、と興津漁協の職員で、ふるさと会メンバーとして行動をともにした梶原政利は語る[107]。あの人は人の上に立つ人格だったと、梶原は野坂を回想する。

梶原政利

助役の職を辞した後、野坂は窪川農協組合長に就任した。当時は興津農協と合併しておらず、興津との関係は薄くなったはずだ。原発騒動は野坂と興津とを邂逅させ、そして今度はともに原発反対運動を闘う関係をつくった。野坂は興津に通い、高知県下の津々浦々を回り、やがて窪川町にとどまらない共闘組織をつくり出していく。

むらに調和がずっとあったのではない。差別やそれに抗する闘争があったからこそ、原発反対運動は農民の運動だけにとどまらず、より多くの人びとを主体化した。そしてまた、差別やそれに抗する闘争を経るなかで、野坂静雄自身も地域史的個人として鍛えられていったのである。

窪川農協組合長就任まで

しなやかな離合集散

野坂は1962（昭和37）年8月3日に、翌年の町長選挙に出馬するために、助役の職を辞する。これに先立ち、野坂が助役として支えた伊与木常盛に談合疑惑が起こる。

ここで伊与木の経歴を確認する。伊与木は1900（明治33）年に東又村に生まれた。高等小学校卒業後、実家の農業に従事していたが軍隊に入り、朝倉四十四連隊を経てシベリア出兵（1918～1922年）に従軍している。除隊後は、在郷軍人会長を務め、旧東又村助役となった。1941（昭和16）年に助役をやめ、県開拓団長として団員を率いて満州に渡る。[108] どのように帰国したのかは定かではないが、1946（昭和21）年には東又村村長につき、1951（昭和26）年には県議に転進し、1期務めている。そして、1959（昭和34）年に窪川町長に就任した。

伊与木の人柄について、1959（昭和34）年の町長就任直後1月22日付の高知新聞は次のように報じる。

とにかく家に落着いてじっとしておれない性分のようだ。彼に会おうとして訪問しても絶対ダメとのこと。また親分ハダで義侠心に厚く、頼まれたことはあくまでやり通す徹底さが〝頼みがいのある男〟として絶対の支持を受け、地区民あげて彼のために猛運動を行った。一面長所であるこの一徹さが短所でもあり、選挙期間中でも選挙事務所の参謀連が決めたスケジュールに従わなかったり、開票当日も連絡員が再三ハイヤーで迎えに行っても「当選確定までは絶対顔を出さない」と家に閉じこもったまま事務所に現われず歓びの表情をうかがおうとする新聞記者をヤキモキさせるなどのこともあった。

「頼みがいのある男」伊与木常盛のことを、東又の人びとは今でも懐かしく語る。島岡家と伊与木は懇意にしており、島岡和子は伊与木のことを「常盛」と親しみをこめて語る。ある家がどぶろくをつくり税務署にとがめられたときも伊与木が入れ知恵し、封印されたどぶろくをストローで吸出し、代わりにおじやをいれて税務署に持って行った。常盛は、そうやって戦後混乱期に県庁や税務署などの目をかいくぐり生きる人びとを回って助けたという。

しかしまた「頼みがいのある」ことは両義性をもつ。伊与木は大鶴津——のちに原発予定地の一部になる窪川町の海岸部——の町有林に松食い虫の被害が出た際、町長専決処分で立ち木を不当に安く志和漁協に売った疑惑をもたれる。また窪川町役場の庁舎立て替えについても請け負った建設会社から収賄があったことを疑われる。

このとき疑惑追及の急先鋒に立ったのが、後に島岡の演説によって反対派に合流し、窪川町原発設置反対町民会議議長となる谷脇溢水である。１９６２（昭和37）年十月定例会で、谷脇は建築業者を洗い、議会で徹底的に伊与木を追及する。これを受けて12月に調査特別委員会が開かれる。議場には２００人の傍聴人がつめかけ、町長支持者が一時は議場に乱入して座り込み騒然とする事態になった。そんななかで、細かな証拠をつみあげて、伊与木を追求する谷脇が憎うてたまらなかった、と傍聴に行った島岡和子は回想する。結局、特別委員会は、立ち木払い下げについては町側の不行き届きとし、庁舎建設については、助役の反対を押し切り庁舎建設特別委員会にはからずに業者を指名した点に不備があるものの、贈賄の根拠はないと断じた。

十月定例会、十二月調査特別委員会それぞれにおいて伊与木に対して延々と畳み掛ける質問を読むと、谷脇が公職にあるものの金銭問題に対して如何に厳しかったのか想像できるとともに、独断で庁舎の立て替え業者を指名する伊与木に対して、助役の野坂が反対し、しかし押し切られてしまう姿が浮かび上がる。

からくも調査特別委員会を乗り切った伊与木は、翌年改選を迎えた。対抗馬には野坂が立った。革新系からは元町税務課長の武田嘉光が推された。東又村など村落部を地盤する伊与木は、旧窪川町に強力な地盤をもつ野坂を相手に苦戦を強いられる。ここで伊与木が目をつけたのは、伊与木と深いつながりのある島岡家に婿としてやってきたばかりの島岡幹夫だった。

窪川高校に通う娘から、生徒会長として活躍していた島岡の噂をきいた伊与木は、彼に応援弁士になるよう要請した。島岡はしばし思案し、そして引き受けた。選挙本部となった旅館に連れて行かれ、そこから窪川駅のロータリーへ向かった。当時はまだ窪川が終着駅で、そこから先に向かうバスターミナルもあり、駅前は賑やかだった。ウグイス嬢は、島岡を「窪川農業青年同志会長の島岡幹夫君より応援のあいさつがあります」と紹介した。窪川農業青年同志会は、伊与木がその場でつくりあげたものだ。

島岡はマイクを握り、農業の近代化を旗印にする伊与木の意をくみ、次のように語る。

「窪川は農業地帯である。２４００町歩の水田。山林は2万３０００町歩。国有林が４６００町歩。民有林が1万８０００町歩。ほぼすべてがヒノキ・スギの植林。以上のように、高知県随一、さらには四国随一の農業地帯である。この地における農業の振興こそが、農業青年の夢である」。

演説が終わると、伊与木は幹夫の手を握り、「自分の言いたいことは、まさにそのことだ」と語った。そして夜、選挙事務所に戻ると、島岡を遊説部長に指名した。野坂とのデットヒートと言われたこの選挙で、投票総数1万２７２１票の半数近い６２９８票を獲得し、野坂に２０００票以上の差をつけて当選する。

この後島岡は伊与木の郎党として、会員１７００人と言われる後援会の青龍会を束ねるようになった。同時に自民党から出馬する知事や県議、国政選挙の、応援弁士を引き受けることになり、青年局長など窪川の自民党支部の要職を歴任していく。

伊与木は１９６７（昭和42）年の町長選挙で、県議を3期務め、革新系に支持基盤をもつ佐竹綱雄に敗れる。その後、伊与木は１９７１（昭和46）年、１９７５（昭和50）年にも佐竹に挑戦する。3回の選挙はほぼ１０００票以内の僅差であり、また75歳になって出馬した１９７５年の選挙では82票差まで追い詰めた。その背後に島岡を中心にする農業青年の力があったことは、すでに第三章で書いた。

一方、１９６３（昭和38）年の選挙で伊与木に敗退した野坂は、翌年の7月に窪川農協の組合長兼理事長に就任した。野坂が農協組合長に就任する頃、窪川では農業基本法体制を受けて、農業の近代化が展開していった。窪川町最初の土地基盤整備事業は、１９６３（昭和38）年に野坂の地元大井野で始まる。１９６３年12月18日に完成すると、一区画は30ａに整備され、２００ｍごとに農道をつけて大型機械が導入できるようになった。完成したほ場は、「農業構造改善の進展で、農業は大規模機械化農業に移行していくことが予想される。大井野地区のきれいに区画された農地には、近代農業の息吹きが感じられる」と評された[109]。54戸の地権者、合計40・2haの対象地には谷脇溢水の田も含まれていた。そのため、谷脇が土地改良区理事長となる。基盤整備事業を進めるため、市川和男が町役場の農業構造改善計画専任職員として採用されたのは、前年の１９６２（昭和37）年であった。後に行なわれる窪川農協の合併にも関わるなかで、野坂と市川とは親交を深めていく。実際、野坂の住む大井野と宮内はともに四万十川西岸でほど近く、市川は原発騒動の時期に至るまで野坂の家を度々訪問し、時に酒を酌み交わしたという。

窪川農協の組合長になった野坂は１９６９（昭和44）年仁井田、松葉川、１９７２（昭和47）年には東又農協との合併を果たす。その結果、野坂は組合員数４０００人を超える組織の長となり、町内の養豚、酪農、肉牛、ショウガなどの生産を拡大させていった。農協の管理・信用部門は窪川町中心部に置きつつ、これまで町内に点在していた生産部門を統合し、中心部から国道沿いの敷地に拠点基地を置く「二大拠点基地システム」を整備する。営農施設には、既存の茶加工場、ＬＰガス充てん所、重油タンク、野菜集出荷場が隣接し、３万ｔの収容力をもった米倉庫、畜産センター、農産物集出荷場、ライスセンター、農機センターなどが逐次整備されていった[110]。このように高知県随一の農業生産基盤を整備する一方で、野坂は窪川町農村開発整備協議会の会長となり、農業近代化の先の窪川の農業を展望していく。組合長の野坂は農協の会計が合わないと、職員が帰った後まで残って計算をしていた、と娘の堯子は記憶している。

農村政治家としての伊与木の豪放磊落（ごうほうらいらく）な人柄は人びとの信頼を得るが、それゆえに時にさまざまな疑惑を引き起こした。その疑惑を谷脇溢水は糾弾し、また野坂静雄は町長選挙の対立候補として立候補する。島岡幹夫はその伊与木を支え続けることで、政治力を高めていく。それが結果的に1979（昭和54）年の町長選で藤戸進を当選させる一因にも、また原発反対運動で農民や漁民たちに反対運動を浸透させていく原動力にもなった。谷脇の金銭の不正に対する潔癖さは、当初町の発展をもたらすものとして支持された原発が、島岡によって多額の裏金に動かされていることを指摘されたことで、原発反対側に転向させた。谷脇の追求で伊与木が窮地に追い込まれるなかで、野坂が町長候補に担がれ、そして敗れた。野坂は農協組合長となり、一次産業の町としての窪川の基礎を築いていく。伊与木、谷脇、野坂、島岡。4人の関係を通してみると、保守の原発反対運動への合流という事態がよりいきいきしたものとして浮かび上がる。

ふるさと会会長野坂静雄

原発研究会長の死

窪川町に原発立地可能性調査推進請願を出した、原子力研究会長の大西晃は1980（昭和55）年11月12日に亡くなる。大西は香美郡物部村出身で、1932（昭和7）年に岡山医科大学を卒業後、東京、中国で病院に勤務する。1948（昭和23）年10月に窪川で開業し、町内の学校医を務めてきた。医師として町民の人望の厚い大西の原発研究会代表の就任は、原発調査推進を町内に浸透させていくために重要な戦略であり、急死は大きな痛手だった。大西の死にあたり高知新聞は次のように報じる。

大西さんは、現衆議院議員・大西正男氏の後援会長であり、50年からは自民党窪川支部長を務めるなど、同町のリーダー格。原発問題が表面化するや自ら発起人となり、原発の立地可能性調査を求める署名を集め、議会や町執行部に請願するなど、調査推進派の中心人物だった。ところが、住民の間で反対の動きが活発になり、町民間の根強い対立が生じたことなどを苦慮していた。9日夜、夕食後に心臓発作を起こし、高知市の中央病院へ入院、治療を受けていたが、12日朝再び発作を起こし、帰らぬ人となった。（中略）親しい友人の前同町農協組合長の野坂静雄さん（72）は「院長は涙もろく、人情に厚い人だった。最近の原発問題で、町民が二つに分かれ、論争していることを大変心配していた。自民党支部長としての責任も強く感じていたようだ。それが原因とは思いたくないが、こんなに急に死亡するとは思えなかった」と肩を落としている[111]。

大西の死のニュースにも、野坂は登場する。実際、野坂のアルバムには1963（昭和38）年の町長選の際、野坂の応援演説として選挙カーに乗る大西の写真がある。野坂が語るように、大西は、原発調査をめぐって町論が二分されるのを苦慮していた。中学校時代から大西医師の世話になった島岡幹夫は死の直前に大西を訪ね、「先生、何かまちがっておらんかの」と問い詰めたという。

同じく地元自民党の支部長を務めたこともある野坂にとって、盟友の大西が原発調査推進側に担がれることも、推進と反対の間で苦慮することも、他人事とは思えなかっただろう。実際、野坂は1980（昭和55）年10月頃の高知新聞の取材に、「田舎の住民が、賛成、反対に分かれ、いがみあったらいきません。みんなが助け合って生きていくからこそ、田舎の良さがあるのでしょう[112]」と町の混乱振りを心配していた。

大西の死から程なくして、野坂はふるさと会会長として立つ。

郷土をよくする会の結成

野坂は南米の視察から帰った後、1980年11月末に妻とともに四国八十八カ所めぐりに出かけた。この間、島岡幹夫は野坂静雄に反対派のリーダーになってもらいたいと考え、窪川町原発反対町民会議の議長谷脇溢水や、明神孝行らとともに、野坂の家に通った。野坂が八十八カ所めぐりを済ませて帰ってきたところに、島岡ら10人ほどの人びとがまたやってきた。そして、家の前に座り込んだ。10時間を超える頃に、野坂は門を開けた。人びとを座敷に上げた。10人は「窪川町民のために礎になってほしい」と両手をついた。野坂は、「私でなくても良いと思うけど」と両目を閉じた。現役から退き、年齢的にも限界を超えている。しかし野坂が門を開けるまで、毎日家にやってきて何時間でも座りこむほどの強烈さで迫ってくる彼らの前で、やがて決断した。

そして、野坂を会長に、窪川町内の原発反対運動の統一組織である「郷土をよくする会」が結成された。最初から反対運動に参加していた岡幸作は、まさか自民党の支部長まで務めた野坂を担ぎだすことができると思ってもみなかったという。

結成時のふるさと会は、副会長に谷脇溢水、養豚農家の尾崎良徳、志和漁協前理事の岩本竹一が就任した。常任幹事には島岡幹夫、志和の養豚農家である渡辺惟夫、助役・教育長を努めた富永家久吾、農家の川村光彦、社会党支部長で全電通労組の川上直保、勤票闘争の中で罷免された元中学校長で共産党県議候補の明神孝行、興津農家の竹添俊二郎がつき、事務局長を元教育委員で農家の横山幸三、事務局次長を町職員組合委員長の甲把英一が務め、町職組合の藤戸志津雄や、移住してきた酪農家である谷渕

ふるさと会事務局長を務めた吉岡浩。長年窪川中学校の教員を務めた

隆朗、西森重信らの農業青年が事務局員に加わった。顧問には元興津村長の岡部金重、窪川町初代議長の山崎茂明、元議長の熊谷直喜、元松葉川村議会議長の田井国太、元窪川町議長で老人クラブ連合会長の森岡寛、窪川町農業委員会会長の津野重義ら、町の長老層が務めた。職業や年齢、居住地などの異なるさまざまな人びとを、野坂が会長としてまとめた。リコール闘争を経るなかで、自民党を支持していた層と、社会党や共産党など革新政党を支持していた層との連携が生まれるとともに、これまで希薄だった中高年層と青年との間に交流や、台地と海岸部である志和や興津の人びととの交流が生まれた。

後に会長代行に就任する横山幸三に代わって事務局長に就任する吉岡浩は、敗戦後に中学校の歴史教師になる。勤評闘争によって町外への配置転換を受けつつ、教員組合のメンバーとして興津闘争に関わり、やがて窪川中学に赴任した。興津での実践を通じて、住民との連係を意識し始めた窪川教員組合は、原発反対運動においても組織づくりにおいて大きな役割を担う。吉岡は、ＰＴＡと教師が協力し、地域に根ざす教育を目指して編集した『窪川子ども風土記』の編集委員会代表を務め、窪川の歴史・自然・文化を児童生徒の作品によって表現しようとした。市川和男も窪川中学校PTA研修部長として編集に参加している。

同じくふるさと会事務局次長甲把英一ら窪川町職員組合メンバーもふるさと会の組織運営や広報に活躍した。彼らは団体交渉を通じて町長と直接交渉する回路をもつとともに、これまでの組織運営ノウハウを活用しながら、街宣活動や広報において力を発揮した。原発反対運動に参加した人びとは、組合メンバーによって会議録やビラがすぐ作られたことが、町長のみならず、国や四国電力がバックにつく推進派に比べても、情報戦を優位に進められたと語る。原発の技術的側面など難しいことでも、人が最大限理解できるように、最小限の言葉で語る甲把の演説の巧みさは、多くの人に記憶されている[113]。さらに全林野労働組合（全林野）、全逓信従業員組合（全逓）、全電通労組（全電通）、国鉄労組などが組織的に加わった。職員組合メンバーとして参加した谷渕恵美子は、各組織に人がいてそれが反対運動を支えていた、と語る。

野坂はその先頭にあり、また重石となった。野坂が代表として座ってくれることで、各陣営間の間に時に生まれる緊張が緩和され、多様な層の人びとがともに活動できたとふるさと会メンバーは語る。1983（昭和58）年の町議選挙においても、ふるさと会内部で無所属議員と社会党、共産党所属の議員との間で連係のあり方をめぐる緊張が生まれ、また1985（昭和60）年の町長選挙の候補擁立をめぐる深刻な対立も生まれたが、ついに決壊することはなかった。

町の反対派

窪川中心部の商店街でレコード屋「一心堂」を経営していた田辺浩三は、野坂が自分の家の前で三日に1回は街頭演説をしていたことを記憶している。当時、商店街内では原発についての態度を表面に出さず、反対という気持ちをもっていた人も息を潜めていた。農村部に住む反対派の人びとは窪川の商店街を推進派とみて利用せず、隣の須崎まで出かけて行ったという。そんな町で、野坂の演説の声が聞こえた。表に出て聞く人はあまりいなかったが、みな店の中から耳を傾けていたはずだ、と田辺は語る。

映画好きが高じて日本大学の学生時代は葛飾柴又に住んだ田辺は、1978（昭和53）年3月に窪川に戻り、レコード屋の経営の傍らで、映画の上映会やジャズクラブを始めた。ジャズクラブ「窪川JAZZろう会」は美馬旅館を会場に行なわれ、移住してきたばかりの谷渕夫妻ばかりではなく、原発を推進する明豊会会長になる美馬健男も時に参加したという。同じく、田辺が窪川に戻ってから結成した窪川シネマ倶楽部は、原発賛成・反対ということで家族や地域が険悪な関係になっているのをどうにかできないかという思いで、「ひとりの人間が、〝人〟としてこれほどまでにヒューマニックに、また感動的に生きることができる」ということをテーマに映画上映会を行なった。そしてチャップリンの『ライムライト』、黒澤明の『生きる』などを上映した。窪川町文化推進協議会（文推協と略す）も田辺らの文化活動を応援した。

田辺は、柴又時代の縁で、森崎東監督作品である『生きているうちが花なのよ死んだらそれまでよ党宣言』の上映会を1985年に開催した。それが、田辺は反対派として活動するきっかけとなった。田辺はこの映画をみておらず、森崎スタッフの「ストリッパーとヤクザの人間喜劇である」という言葉を真に受けた。これを聞きつけた窪川町文化推進協議会が、自ら主催して上映会を行ないたいと申し出たため、田辺は主催を譲った。

上映当日は文推協の招きで藤戸町長が挨拶した。会場には原発推進派の影響の強い、文推協の動員で

500人の観客がいた。上映が始まると、やがて田辺は原発ジプシーを描いた映画であることに気づく。驚いた田辺は映画を見ながら思わず失禁し、上映が終わると会場から逃げ出した。文推協も藤戸町長も、田辺がだましうちをして原発反対の映画の上映会を開いた、と考えた。田辺の父親もカンカンに怒り、猟銃を持って田辺を家の外まで追いかけたという。田辺は町中から反対派と見られるようになり、いつしかふるさと会とともに活動するようになった。

田辺が反対派として活動する前から、野坂は原発をめぐる雑誌座談会に参加する田辺のことを心配した。田辺の父は美馬の後援会長を務めており、家族の中ですら難しい立場になることを危惧したのだ。田辺は、野坂が自分に語った次の言葉を記憶している。「自分は戦争で、若い部下を多く死なせてしまった。原発反対運動で、若者を前面に立たせたくない。自分たちが矢面に立つ。ただ自分たちの力だけでは原発は止められない。それを裏から支えてほしい」。

一心堂と同じく窪川町中心街にある造り酒屋文本酒造は、女将の文本弘子が原発反対を明言していた。1935（昭和10）年高知市で生まれ、文本家に嫁いできた弘子は夫とともに元々自民党員だったが、本能的に原発の危険性を感じ反対運動に参加した。夫は原発についての態度を明確にしなかったが、夫婦間で原発問題についてもめるということはなかった。東京農大を卒業し、一年間高知市で修行した後、1983（昭和58）年に窪川に戻った息子の憲助によれば、反対運動への参加は商売としてはマイナスだった。憲助自身、ルート営業で窪川の小売店を回っていたときに、店に来ていた客が憲助へあてつけるように、「文本の酒は人の呑む酒ではない」と言っていたのを記憶している。この人は推進派の中心メンバーだった。元々自民党関係で付き合いのある人びとからの引き合いもなくなった。しかし、自分の考えをはっきり言う弘子は原発反対の姿勢を崩さず、また会社の仕事の中心を担いながら、自分で教室を借りて学習塾を開いていた。母は、たんに原発反対運動をやっていたのではなく、日々さまざまなことをしていたのです、と憲助は語る。

文本弘子が反対派であることは商店街では有名だったが、そのことは農村部で活動する人たちには知られていなかった。それだけ反対運動に幅があり、一枚岩ではなかったと考えられる。

そんな町中で、野坂は毎週、街頭演説を続けた。

野坂の死

野坂は1985（昭和60）年4月5日に肝不全で亡くなった。76歳だった。

病床の野坂を見舞った島岡に、野坂はその手を握りながら「どんなことがあってもこらえて、ふるさと会を分裂させないでくれ」と語った。4月14日に迫る町長選挙について、独自の候補を立てるのか、それとも明豊会ともふるさと会とも一線を画して中間派として出馬表明した中平一男を推すのかで、ふるさと会内部は対立していた。独自候補の筆頭には島岡が上げられたが、彼ではなく中平を推そうという意見も同じ程度に存在していた。島岡は混乱を避けるために、出馬を辞退する。結局中平は藤戸に敗れるが、野坂の想いと、島岡の決断、そしてそれを見守る人びとによってふるさと会は決定的分裂を回避した。

野坂の葬儀には、藤戸町長の姿は見られなかったが、原発騒動以前から親交の深い、原発推進側で動く人びとも多数参列した。長年深い付き合いのある明豊会会長の美馬健男県議は、「先日お見舞いに行ったときは顔色もよく、お互い健康第一で頑張ろうと話したばかりなのに…。残念だ。互いに意見の対立はあっても感情の対立はなしにしようと常々言ってきた。私にとっては良き先輩、町にとっても惜しい人を失った」と肩を落とした。

野坂の死後、ふるさと会は藤戸に再び敗れた町長選挙の総括のみならず、常任幹事会も3カ月余り開けない状況になった。また町議でもある常任幹事が脱会届けを提出するなどの混乱も起きた。11月にふるさと会は野坂の後継の会長に横山幸三が就任する。横山は設立当時から事務局長を務め、1983（昭和58）年の町議選挙ではトップ当選を果たしていた。野坂が入院した1985（昭和60）年2月中旬から、会長代行の職にあった。野坂の死によってヒビが入った団結は、何とか崩壊をせずに持ちこたえていく。

1985年12月11日にふるさと会が開いた「故野坂静雄会長をしのぶふるさと会結成5周年記念集会」では、市川和男が追悼の辞を詠んだ。(115)

私はここに「郷土をよくする会」を代表して、前野坂会長の遺影に向かい、すべての会員の心を捧げたいと思います。

野坂さんあなたが「ふるさと会」の会長としてこの会場の壇上に立っていただきましたのは今を去る5年前の今日この日でありました。それはこのふるさとに「原発許すまじ」の声が草の根からほとばしるように生まれ始めた時でありました。

牧歌的ともいえるなごやかな心の通じ会う「この里」に悪魔の如き原発誘致の暴挙が起こり人々の心をきりさく深夜がおそいかかって来た時、あなたは夜空に輝く巨星のごとく私どもの先頭に立ち、頭上を照らし苦しい反原発のたたかいの日々のなかで、時にはきびしく、時にはあの何とも言えぬあたたかさで、私たちを導きくださいました。

あなたは外圧と混乱の苦しい激動の渦中にあって、絶えずたたかいの扇の要としての役割を見事に果たしてくれました。その激務についに倒れられ、私たちの切なる祈りも通ずる事なく幽明境を異にして、早八ヶ月を過ぎてしまいました。今にして尚、断腸の思い耐え難きものがあります。窪川町がその長い歴史を顧みますと、この五年間は、試練というには余りにもきびしい年月でありました。窪川町がその長い歴史の中で培ってきた「和」が、地域の自治が、原発という濁流によって音をたてて崩れ去る年月でありました。

しかしながら、あなたを先頭に、「原発なき里づくり」の旗印を高く掲げた私たち「ふるさと会」の住民運動は、燎原の火の如くに燃え拡がり、あの歴史的な大勝利リコール成功を勝ち取ったのであります。

リコール投票当日の事務所には、「われわれの郷土をよくする会は、新たな歴史をつくりだすことができるのだろうか。それとも歴史の中に埋もれてしまうのだろうか。いずれにしても新しい出発の日。1981年3月8日　郷土をよくする会」という文章が張り出されていた。谷渕隆朗が書いたものだ。そして、この日これまでの窪川の人びとの力が結集し、新しい歴史が刻まれた。リコール勝利の瞬間、野坂は谷渕隆朗と抱き合って喜んだ。このことに象徴されるように、老若男女が勝利を喜び、涙を流しながら万歳を唱えた。夜の帳が落ちていた。ふるさと会事務所前の路上では野坂静雄や島岡幹夫は人びとによって胴上げされ、フレーフレーと夜空に若者の歓声がこだました。

原発反対運動の絶頂のあと、出直し町長選挙にはわずかの差で敗れ、推進派が力を盛り返し、反対派は意気消沈する。それでも野坂を筆頭にふるさと会は息を吹き返し、苦しい闘いを続ける。そして町議選の躍進を導く。

昭和56年の町議選では、今までの議席を2・5倍にふやし、もう一方で推進派に逆転するという所までにいたったのであります。この岩盤票は、これからの若い力を更に重ねながら、輝ける窪川の明日を創る偉大なる資産を私たちに残してくれました。私たちはあなたが残してくれたこの明日への宝を守り続け、育て上げることをここにあらためてお誓いいたします。

市川の追悼の辞は、「ふるさと会の草創期のあの瑞々しい原点に立ちかえり、あなたの意志を私ども全員が受け継ぐことだと信ずるのであります」と結ばれる。

ふるさと会設立から、リコール投票までは、窪川原発反対運動がもっとも輝く時間である。窪川のさまざまな矛盾は、一時乗り越えられて、そこに新しい邑が生まれる。そんななかで、原発反対運動に奔走する島岡を助けるため、温暖な気候のために早く田植えを終えた興津の人びとは漁師も含めて台地に上り、田植えの手伝いをする。牛飼いと漁師のように、これまでの関わりのなかった人びとが出会い、ともに闘う。

しかし、その後も原発騒動は終結せず、途方もない長い時間が流れる。そのなかでも野坂は、さまざまな人びとが分裂するのを防ぐ重石となる。そして死しても、その遺言によって決定的な決壊をさせず、原発終結まで導く。

野坂静雄は窪川に生まれ、大日本帝国の技術者として海を渡った。敗戦を機に窪川に戻り、合併した町の幹部としてさまざまな事柄を執行し、また問題の調停を図った。農協組合長となり、窪川の農業近代化を推し進めるとともに、それが限界に達した先を構想しようとした。そして人生の最後に原発反対運動の代表として立ち、命を燃やしながら、自身が生きてきた窪川のさまざまな人びとを結びつけた。亡くなる前年、野坂は次のような言葉を遺している。

従来、「原発反対」といえば、ただちに利害関係のある特定の住民、あるいは政党的な反対者、イデオロギー的な反対者といったようなことが主体になって反対運動が成されていますけど、窪川町では、政党とか団体・組織・イデオロギーとかにこだわらず反原発運動というものが即住民運動として展開されておりますし、また、町づくり・ムラおこしの運動でもあるという点が、従来の反対運動とは非常に違っております。……やはり、本当に住民が地域を守り育てていくにはこうしなければならないというのが持論ですので、春に実施される町長選挙も、政治レベルの潮騒にかき回されることなく、あくまでも住民が主体となった運動としてやっていこうと。

……確かに、選挙運動をやりますと〝しこり〟といった風なことが残ります。だけど、基本的には、先ほど申しましたような理想をもった運動ですので、一時的には〝しこり〟は必然的にありましても、時間が達て(ママ)ば解決できる問題だと思っております。［野坂、島岡幹夫、ほか　1985：25］

住民が地域を守り育てていくという理想をもった運動であるがゆえに、しこりは、「時間が達て(ママ)ば解決できる問題だと思っております」という言葉は、野坂の来歴をふまえたとき、はじめて相当の重みをもって我々を揺さぶる。

野坂の「何ともいえぬあたたかさ」は、日本の近代を生きた精神の遍歴の先に生まれた。その意味において、野坂は窪川原発反対運動が生み出した邑の象徴であるとともに、近代日本社会の矛盾とそれに向き合い続けることの希望を明らかにする。

《注》

(89) 文化人類学者M・サーリンズは、ヘーゲルの世界精神の運動にもっとも適合した人物を指示する「世界史的個人」に対して、「氏族やその土地を体現する」人物であり、外部から予期せぬ事件や蓋然性に直面しながら、社会の再組織化をなしとげることが課せられた存在としての「社会史的個人」という概念を提示する。春日直樹は、その具体例としてフィジーのヴィチ・カンバニ運動の主導者であったアポロジを取り上げ、彼を通じて出来事がいかに動くのかを歴史の現実に肉薄しながら語る[春日 2001]。本章は野坂静雄という人物を通じて、原発騒動のみならず、窪川の地域史・社会史がどのように動いていくのかを描出しようとするものである。

(90)「私の選んだ一冊 有吉佐和子『複合汚染』 農政告発、人類へ警鐘 高岡郡窪川町大井野窪川農協組合長 野坂静雄さん」『高知新聞』1977・11・6。

(91) 浅野セメントについては、[浅野セメント株式会社編 1940][社史編纂委員会 1955][社史編纂委員会 1933]に拠っている。

(92) 小桜義明は、浅野セメントの高知進出について、第一次大戦後の高知県産業における財閥系独占資本の支配の拡大として捉えている[小桜 1973]。

(93) 副議長を務めたという記録は、1981年4月の町長選挙のために配布された、『ふるさと』(1981・4・20郷土をよくする会発行)を参照。

(94) 窪川町のパラグアイ移民についての記述は、[アマンバイ移住地25周年刊行委員会編 1982][アマンバイ入植50周年年誌編纂委員会編 2009][窪川町史編集委員会 2005]を参照。

(95) 高知新聞は1957(昭和32)年12月24日付で次のように報じる。

集団移住でも、大正町の場合と違うのは、最初有期の雇用契約移民で、契約中現地の事情を研究したのち、土地を買い開拓に従事する点である。相手は米系資本のジョンソン・コーヒー園で、コーヒー栽培に従うが、一家族（可労働人員三名）当り9千本から1万2千本の幼樹育成、数百本の成木管理に当たる。収入は年間で幼樹の場合は一本当り6円、成木は生産高の30ないし55％が与えられ、別に5町歩の放牧地が貸し付けられ、コーヒー園の裏作も認められるうえ、住居が無料貸与される。従って少なくとも月収1万4、5千円にはなるという。そして入植するようになれば一町当り9千円から1万円程度で20町歩ないし25町歩買受けられる。これに関する費用や渡航旅費は前借がきくので、一家族あたり20万円程度あれば移民できるといわれる。

当時の国家公務員の初任給が9千円弱である。国家公務員の年収程度で移民できるということになる。

(96) 大正町のパラグアイ移民については、野添憲治の著作に詳しい［野添　1978］。

(97) 町は移民団の出発前に、16家族の共有物として日産製の5tトラックを寄贈している。

(98) 「パラグアイ移民　西村さん（窪川町）からたより　生活安定、大きな希望　町出身17家族は全員元気　農協設立　ブラジルへも出荷」『高知新聞』1962・4・2。

(99) 「県人移住者13　知事を待ったが…　アマンバイの執念」『高知新聞』1978・7・18。

(100) アマンバイへの移住者については、左記も参照。

第一の方法は、アスシオンから北東にあるアマンバイ県の県都ペドロ・ファン・カバジェロ市の近郊に設立されたコーヒー農園への契約雇用移民としての移住である。この農園は1956年から58年までの間137家族の日本人移住者を受け入れたが、59年に経営不振により破産したため、それ以降の契約雇用移民受け入れは途絶えてしまった。破産にともない農園主との契約を打ち切られた移住者たちは、日本政府の支援を受けてペドロ・ファン・カバジェロ市近郊の土地を取得し、自営開拓農民として入植することになった。しかし、なかにはこの地域に見切りをつけてパラグアイ国内の他所や隣国ブラジルをはじめとする国外へ転住する者もいた。今日、同市近郊では、大豆や小麦の栽培を主とする畑作業や都市近郊農業が営まれている。また、市内で商工業に従事する日系人も増え、農業者とともに日本人会を組織し、日本語学校の運営を行っている。[田島、武田　2011、174]

(101) 本項・次項の記述は、梶原政利氏の聞き取りと共に以下の文献を参照した。[全解連興津支部編　1981] [梶原　1988] [高知県人権連興津支部 不詳] [馬原　1986] [土佐　1981]。

(102) 『解放新聞』1962・7・5の報道に拠る。

(103) 部落解放同盟高知県連書記長の藤沢喜郎によれば、高知県の勤評闘争の特徴は教組自身が先頭に立ち、解放同盟が「俺らの味方になってくれる教師を守ろう」という形をとった。その結果、現場の教師が同和教育に開眼したという [藤沢、ほか　1972]。勤評闘争については、当時教育長で後に知事に就任する中内力と、共産党代議士だった山原健二郎の記録がある [中内　1995] [山原　1971]。

(104) これに対して、部落解放同盟中央委員会の委員で共産党系委員と一線を画する朝田善之助は、48項目の要求が教員組合の要求を鵜呑みにしており、部落解放の要求につながっていない点を批判したという [藤沢、ほか　1972]。

(105) 『高知新聞』1961・4・9。

(106) 窪川町の属する高岡郡下の漁協関係者の代表者会議は、興津・志和の両漁協を除いて、1980(昭和55)年11月12日の段階で原発反対を決議している。漁業補償金を期待する両漁協は態度を保留した。その結果、窪川原発反対高知県漁民会議には、志和・興津漁協は当初参加していない。窪川原発反対漁民会議の県漁民会議への参加時期については、ふるさと会作成の「ふるさと会たたかいのあしあと」を参照。

(107) 興津漁協の元職員で、ふるさと会メンバーとして野坂と行動を共にした梶原政利への聞き取りを参照。

(108) 『高知県満州開拓史』では伊与木常盛の名前は確認できない [三宮　1970]。

(109) 「郷土アルバム14　土地基盤整備　来月完成の予定　機械化農業の道進む」『高知新聞』1963・2・18。

(110) 「二大拠点基地システムへ始動　生産部門は郊外へ　管理、信用部門は中心部　窪川農協　拡充へ用地造成に着手」『高知新聞』１９７６・２・９。

(111)「窪川町の原発研究会長の死去」『高知新聞』１９８０・11・13。

(112)「話題　窪川のおじいちゃん」『高知新聞』１９８５・４・５。

(113)本書は、島岡幹夫が所蔵する反原発運動の資料のみならず、甲把英一が所蔵した資料に多くを助けられた。

(114)「反原発の闘士逝く　野坂静雄さん　眠るように」『高知新聞』１９８５・４・６。

(115)追悼の辞は、遺族である矢野堯子さんが大切に保存している。

第五章　原発計画をもみ合う、原発計画をもみ消す

「むら」ということ、「邑」ということ

地域共同体をめぐる議論は、多くの場合、一つの地域社会にその地域のメンバーが結ばれているように捉えられている。地域共同体を近代化が成し遂げられていないとしてネガティブに評価する人も、あるいは助け合う仕組みをもっているとポジティブに評価する人も、むらにすべてが統合されている／地域の構成メンバーが一つの仕組みに結ばれているという捉え方は共通している。

群馬県の上野村を拠点に、農をめぐる思想を紡いできた内山節は、自らの上野村の暮らしの経験から、むらの共同体はそんなに単純ではなく、むらのなか自身にさまざまな共同体が併存しているという。たとえば日常的に協力し合う単位としての集落があり、道や山の管理などを行なうための集落の連合体があり、連合体のうえに江戸時代の村があり、さらに行政村がある。あるいは職業ごとの共同体があり、寺の檀家や神社の氏子たちの共同体もある。内容の違う共同体が積み重なったなかに、人びとの暮らしはある。しかもそのいずれの共同体で行なわれる活動も、むらの人たち全員に知られている。このような共同体のありようを、内山は「多層的共同体」と言う。

私は共同体は二重概念だと考えている。小さな共同体がたくさんある状態が、また共同体だということである。ひとつひとつの小さな共同体も共同体だし、それらが積み重なった状態がまた共同体とでもいえばよいのだろうか。このような共同体を私は多層的共同体と名づける。共同体のなかに、小さな共同体が多層的に積み重なっている、多層的共同体とは、そんな共同体のことである。［内山　2010］

本書が窪川の人びとにみるのはこの多層的共同体であり、またそれが原発騒動を経るなかで、ますます多層的になりつつ、裾野を広げていく様態である。そして、原発騒動に直面した生産・生活の単位としての「むら」が、「むら」の外側にある雑多な文脈を巻き込みながら混淆しつつ、それでも一種の共同性をもつ様態を「邑」と表現する。

私が「邑」という言葉を手にするきっかけになったのは、市川和男の文章からである。市川自ら暮らす場所を川のほとりの邑とし、そこから宇宙を見つめた。若き日に窪川町外に出ていく島岡、野坂に対して、市川は終生窪川にとどまり続けた。[116] しかし彼はそこから、宇宙を見通そうとした。市川は自身の思索の場となった自宅を「時空庵」と名づけた。

窪川台地は、山の上の沃野である。
すなわち、地形的には、山の上のくぼ地に形成された天然の沃野である。そこは、歴史的・風土的に農の聖地である。なるがゆえに、遥かなる時、農耕と祭礼の邑であったと私は思っている。［市川、地域マンダラ論考　2004、83］

市川は古の窪川に農耕と祭礼の邑を見出そうとした。同時に彼は自らが暮らす四万十川流域をアルカディア（理想郷）とするための地域計画を探り続けた。過去と未来に見出される理想郷としての邑のその間に、彼が〝現在〟を生き続けた四万十川沿いの邑が存在する。市川にとって邑とは、実在の概念というよりは追い求め続ける理想であると言える。

第二章では、窪川の農村に生きる農民たちが自身の生業を編み上げていく過程をみてきた。それぞれ独自の農業経営に進んだ農家がばらばらにならなかったのは、窪川町農村開発整備協議会（以下、整備協）に代表されるように、そこに暮らす人びとが窪川のむらとしての将来像を協議する場が存在していたからである。窪川町農協と興津農協、高南酪農協の合併が果たされていない時点で、整備協はそれぞれの農協の枠を超える協議会として存在した。整備協を構想した市川和男は、その目指すべきありようを「民製的な田園学習郷」と呼んでいる［市川　２００４ｂ、85］。市川は、豊かな自然環境のなかで、そこに暮らす人びとが内発的に地域空間を整備していくことを学習であるとしている。それはまた、原発や減反のように、外から押しつけられていく開発を、わが里――我々の言葉でいえばむら――の内側から押し返していくことを意味する。

しかし市川の語る「邑」には、周辺的存在は見えない。自然と調和した定住社会の建設を目指す整備協は、窪川の農村に定住してきた人びとに光を当てる。同時にそれは、周辺的な存在を生み出す。たとえば整備協の資料を読む限り、谷渕隆朗のように移住してきた人たちが如何に定着するのか、という論点は希薄である。窪川町農村空間整備基本計画書には、同和対策事業について、あるいは窪川からパラグアイに移住した人びとへの言及もない。

原発騒動は、定住する人びとによって構成される「わが里」を超えて、さらに雑多な人びととの結び付きを生み出していった。たとえば教育組合、職員組合、興津小室の人びと、移住者を包含するとともに、方舟の会や生命のフェスティバルの参加者のような町外の人びととの関係を生み出していく。反対運動の闘士である島岡幹夫は、窪川と関西を行き来するなかで自身の経営基盤を整えつつ、地元自民党の有力者として地歩を固めていくなかで原発騒動と出会い、革新政党や労働組合のメンバーを中心に進められようとした反対運動に、これまでなかった関係をもたらしていく。反対運動の象徴となった野坂静雄の来歴を辿ると、そのなかにすでに「邑」につながる多様な関係が存在していた。原発騒動は島岡の語りの余韻を増幅し、地域史的個人としての野坂の存在を浮き上がらせていく。

福島県浪江町の原発反対運動の調査を行なった友澤悠季は、運動の立役者として表に立ち続けてきた人びとが、地域のなかのあちこちで見聞きした、はっきりとした意見の表面になる以前の「声なき声」の存在に注意を喚起する。原発に異議を唱える人も、そうでない人も、「いつかなにかあったら」という曖昧な不安のなかにある。また両者は生活の場を同じくするため、はっきりとした意見を述べずに沈黙することもある［友澤　2015］。島岡の饒舌な語りとその余韻には、島岡自身の反対運動における奮闘のみならず、彼があちこちで出会った人びとの「声なき声」が充満している。さらに言えば、野坂の人生を振り返るときに、私が見出すのは、近代日本を生きる野坂自身の「声なき声」である。

原発騒動において、邑がもっとも鮮やかに現出した瞬間は、1981年3月8日の町長リコール成立のときである。藤戸町長リコールのために、海岸部の人びとも、台地の人びとも立ち上がった。10時10分の発表で両者は5060票と再び並んだ。開票率82％である。

「ネクタイ・ピンをまだとらないか」と開票場の状況を映しているテレビに向って活動家の青年がいう。

開票している市の職員に友人がおり、「勝つ」ことがはっきりすればネクタイ・ピンをはずす約束にしてあるというのである。

ジリジリ待っていると、ひとつの伝令が飛びこんできた。

〝勝った、勝った〟という報告、「えっ」「本当か」というあちこちからの声、事務所がどよめきの声でおおわれた。

横山事務局長だけがテレビにかじりついて、選挙管理委員会からの正式な発表を待っている。ハーディ・トーキを持っている新聞記者が「今、勝ったという知らせが入りました」と大きな声を出す。リコール6332票、反対5844票、賛成票はリコールの署名数を568票上乗せした。

一せいにバンザイの声、部屋のなかにいられず道路に皆がでる。老いも若きも、男も女も関係なく抱きあい、喜び合った。

「最終的には青年と主婦たちがたちあがってくれた。特に主婦が……。イデオロギーや政党なんか超えたところで考えてくれた」と、その勝因をテレビ記者に答えている。

野坂会長が押しだされるように道路にでてきた。胴揚げされる。「島岡さん、島岡さん」と呼ばれ、次に坊主刈りの島岡さんが胴揚げされる。

「牛飼いです」と最初に会ったときに、あいさつされた酪農をしているひげをたくわえた谷淵隆朗青年と野坂会長がしっかりと抱き合っていた。

ひげの牛飼いさんが体を震わして、男泣きしている。野坂会長のほほにも光るものがみえる。

それまで人通りの途絶えた深夜の窪川の街路に、次から次へと事務所にくる人通りができた。

「これで窪川に残れる。もし負ければ、この町を離れるつもりだった」という青年のつぶやきを耳にした。［剣持　1981ii、117－118］

反対運動のアルバムを開けば、顔をクシャクシャにして歓喜の涙を流す青年たちの顔があり、満面の笑顔の女性たちの顔があった。当時のことを今語る人びとの顔にも、自然と笑みがこぼれた。雑多な人びとの情念が交わり、邑の花が、鮮やかに、つかの間に咲いた。

しかし、そのあまりにもまばゆいリコール成立の瞬間は、8年におよぶ原発騒動のまだ1年目の出来事である。リコールの後の出直し町長選挙では、藤戸が再選し、推進派が息を吹き返していく。反対運動に参加した人びとは意気消沈した。島岡幹夫ですら窪川を去ることを考えた瞬間があったという。しかしそれでも、人びとはしぶとく運動を続ける。リコール選挙のような短期決戦ではない、対立を内包した日常が延々と続く。

そこにこそリコールとは違う形で、「邑」がじわじわと現れてくる。

土地基盤整備事業：国策共同体に抗するむら

つかの間に咲き、そして萎む邑の傍らで、むらはその自律的な力で国策共同体に編入されようとする力を押し返していく。

旧窪川町の中心部から県道325号を東又に向って進む。藤の越を過ぎて藤ノ川の集落に入ると水田が広がる。その傍らに石碑が立っている。足を止めて眺めると、石碑には「窪川東部地区県営ほ場整備事業　竣功記念碑　高知県知事　中内力書」と刻まれている。石碑の裏側には、このほ場整備事業（土地基盤整備事業）について次のように説明されている。

旧東又村七集落からなる地域親ケ内藤ノ川黒石八千数本堂数神横掛の近代的農業に熱意をもやす時の町長藤戸進氏は二百三十二名と相諮り昭和五十四年九月県営窪川東部地区の耕地百九十二ヘクタールの基盤整備を核として農業の近代化をすすめ総事業費一八億三百蔓円で工を起し昭和六十三年三月町長中平一男氏がこの事業を継承その熱意と努力によって平成四年三月竣功した茲に関係者一同の発意により記念の碑を後世に伝えるものである。　平成四年三月　窪川東部土地改良区

ほ場整備事業とは、区画整理・小規模灌排水・暗渠排水・客土等により、ほ場の条件を整備すること、換地による大型ほ場の造成と農道の整備を行ない、農業機械化の基盤をつくりだすことを目的とする。トラクター、コンバイン等の高性能機械が効率的に活用されるようになり、労働生産性は大きく引き上げられる。重要な点は米増産期の用排水改良が土地生産性の向上に重点をおくのに対し、土地基盤整備事業は労働生産性の向上に重点がおかれた［今村ほか　1977］。

1979（昭和54）年に基盤整備事業が始められる10年近く前から、7集落の人びとは延々と折衝を行なってきていた。その熱意が、町長をして県営ほ場整備事業（土地基盤整備事業）を進めさせた。代替わりした町長もこれを引き継ぎ、14年の年月をかけて192haに及ぶ事業を完成させた。

窪川町の外から、あるいは2011年3月以降の時点から、窪川町における昭和の終わりから平成の始まりの10年間をみると、焦点は別になってしまう。昭和54年に町長に就任した藤戸進は、国の第三次全国総合開発計画（三全総）における高知県西南開発の枠組みのなかで、原子力発電所の立地調査受け

入れに向かって動く。以後窪川町は原発の受け入れをめぐって町民を二分する原発騒動が起こった。８年の後、藤戸町長は原発受け入れを断念し、１９８８（昭和63）年1月に辞職した。その後の町長選で中平が当選し、やがて窪川町議会は全会一致で原発論議の終結宣言を採択した。

田んぼの中に立つ、窪川東部地区県営ほ場整備事業竣工記念碑

しかし原発騒動によって町が二分にされたという見方では、なぜ当該地域の地権者のほぼ全員の同意を必要とするとする土地整備事業が完遂できたのか、という問いには答えられない。土地改良法では、土地整備事業は当該地域の地権者の三分の二の同意で実施可能だが、高知県農林部耕地課によれば、採択後スムーズに工事を着手するためには95％以上の同意が必要であると考えられている［井上　１９９３］。むしろ、序章で述べたように、地域に存在する関係は、原発推進―反対という二分法によって整理されつくされたわけではない。原発騒動を一時宙吊りにして、区画の図面の引き方や、換地の方法について延々と寄り合いを続ける関係性が存在していた、と考えるべきなのだ。

土地基盤整備事業は政府の財政投資の主導のも

とに進められたが、事業費の一定割合については農民負担を原則としてきた。今村奈良臣によれば、これは一般の公共事業と違って受益者農民に特定の利益をもたらすこととともに、受益者農民の申請事業を原則としており、農民およびその組織する土地改良区の自主性を尊重する方針がとられていることを理由とする［今村 1984］。この点は強調してよい。本書第二章に登場する河野守家の「基盤整備は金がいくらあってもできない。金がなくても地域のまとまりがあればできる」という言葉は、農民と土地改良区の自主性という観点で理解する必要がある。

実際の基盤整備は以下のようなプロセスで行なわれた。まず土地基盤整備を行なう地権者の一任を土地改良区の役員が取り付けた。役員は7集落それぞれから一人の委員を出した。委員は毎週1回公民館に集まり、調整が難航するときには夜を徹して議論することもあった。

集落の中には、土地基盤整備を望まない家もある。その理由の一つは「サオノビ（竿伸び）」である。サオノビは登記されている土地面積よりも、実際の土地面積が大きいことを言う。農地解放の際、地主層の一部がこのサオノビを行ない、自身の田畑を可能な限り保持しようとした。ほ場整備後の換地は登記上の面積で行なわれるため、サオノビを行なっている家は実際に換地される面積が小さくなる。島岡幹夫の話によれば、農道が拡幅され、その分田畑の面積は減ったにもかかわらず、換地後にあまった土地が出た。そのような不満のある地主を、役員は説得した。地権者の合意が得られると図面が引かれ、工事が始まる。工事が終わったところから、地権者の同意を得ながら換地が行なわれていった。

ほかならぬ土地をめぐる問題のため、委員は慎重にことを運ぶ必要がある。実際、条件の悪い土地を押し付けられたという声は後をたたない。また、自身が良い土地を得るとまとまらないため、率先して悪い土地をとる場合もある。多くの集落では、年長者が委員となったが、島岡家の属する本堂集落では年少者が委員となった。彼は水はけの悪い土地を自分のものにした。そのため、集落がうまくまとまったと言う。島岡家の土地の換地も、島岡幹夫がふるさと会の事務所に行っている間に、役員が伝えてきた。増水時には水をかぶりやすい土地だったため、和子は、先祖代々の土地をそんな条件の悪いところに換地されてはたまらないと説明した。役員はその分、土地を増やすことを検討したという。確かにただ金があっても、地域のまとまりがなければ基盤整備は完成しない。窪川の人びとは原発騒動の時期も、基盤整備を完成させるだけの地域のまとまりをもっていた。地域のまとまりとは、各農家、集落、そして複数の集落の連合体というように、さまざまな階層が重なりあって存在する関係のことであり、それはまた内部の対立や意見の衝突を乗り越えるため、延々と会合を重ねた先に、譲り合う地点を見出す。

序章で登場した原田津は、この様態を次のように語る。

「いたずら」に会合を重ね、「いたずら」にもみ、結局は「まあまあ」で妥協する。それならハナからいいあんばいにあつらえれば――と考える人もあるかもしれないが、それはむらを知らない人のいうこと。むらにとって、妥協はもんだあとにだけ存在する。逆にいえばもみっぱなしではなくて、もめば必ず妥協の知恵が出てくる。妥協ということばの、いまの使われ方からすれば、これは妥協ではなくて「譲る」ということかもしれない。

〔中略〕

あきらめて納得する。まあしかたないだろうなという納得である。このあたりが、なんとも都会のセンスではわからない。「どうでもいい」ともちがう。「かってにしろ」ともちがう。「地頭に勝てない」のでもない。あえていえば、あきらめなければこれからむらとしてお互い一緒に暮らしていけないで

はないか、それは困る、ということになる。これを聡明さと言ったら不都合だろうか。〔原田、1975：21－22〕

一方、原発を推進する藤戸町長の側も、窪川農業の生産基盤整備が立ち遅れていることに目を向け、その積極的推進を語り始めた。1983（昭和58）年の町議会選挙では、原発を推進する明豊会は、周辺4町村と合わせて1470haの農地の造成、町内510haの区画整理を行なう計画をぶち上げた。これは1982（昭和57）年に藤戸町長がまとめた、79事業、総事業費1408億円におよび、事業完了の目標年次を2000年とする「窪川町振興ビジョン第一次試案」にもとづくものであった。1408億円という事業費は、窪川町の年間予算50億円の30倍に及ぶ。このような大型事業を町に持ち込めたことを、藤戸町長は原発推進に骨を折った見返りと喧伝した。このように、国から莫大な財政援助をベースに生産基盤の拡大を図った。

このような計画に対して、ふるさと会は原発立地のヒモ付き事業として批判した。野坂静雄の反論は、町内のショウガ生産の現状を決まって取り上げた。野坂は言う。窪川町のショウガ栽培面積は県下一の221ha（1982年10月現在）。しかし、このうち100haは、町外の農家が地代を払って栽培しにきている。100haは、農家200戸分の面積にあたる。見方を変えれば、工場をひとつ誘致するのと同じ雇用をみすみす失っている。そして野坂は、農業など一次産業の振興は金や土地ではなく、人の問題であると語った[117]。野坂の言葉に重なるように、島岡幹夫もトップダウンで進める生産基盤整備の問題と、人づくりの重要性を次のように語っている。

「ふるさと会」が第一次産業の振興を主張しちゅうのを受けて、今度はそれを自分の主張として取り込もうとしちゅう。そして、さかんに農業の振興を唱え始めた。

町長が言う農業の振興は、窪川が県下で一番遅れている「生産基盤整備」、まだ23％なんですが、これを「出来るだけ早く80〜90％に持っていくから」という事で地区廻りをしちゅうわけです。そして、「まず既存の２５００ヘクタールの耕地の基盤整備をして3年後には国営農地に着手したい」と言ってますよね。

国営農地も窪川は６６０ヘクタールくらいの予定になっているんですが、これは町長が国の補助金を貰ってやる事業なんだけど、それもこの際一緒にやろうと、だから、町長として次の4年間の任期は「基盤整備事業」と「国営農地」の両方を強引に押し進めて、それこそ窪川の田んぼも山も全部ひっくり返してしまおうという事よね。

今の町長がやってる事は、〝人づくり〟なんかは眼中になく、とにかく何でもかんでも「入れ物」を作ってしまう事が全てという姿勢。だけども、やっぱり僕は、まず〝人づくり〟が先になって、人づくりをしながら基盤整備の事業も農地条件を十分に理解して綿密な計画のもとでやらんといかんと思う。［野坂、島岡、ほか　１９８５、52－53］

ほ場整備事業のため、人びとは時間をかけてもみ合い、そしてやがて事業を完遂した。原発反対―推進の対立も一時宙吊りにされた。それに対して、町長の「窪川町振興ビジョン第一次試案」は、窪川町企画課を中心に大急ぎでまとめられた。空前の事業費は、国費を当てにするものであり、また原発立地の見返りとするものでもあった。反対派の人びとは、野坂がショウガ生産について語るように、あくまで現実感のある言葉で反論した。
トップダウンで進められる振興ビジョンに対して、もみ合うむらが立ちはだかり、そのスムーズな進行を押しとどめた。そしてむらは自らを原子力の国策共同体に組み込まれることなく、踏みとどまった。

もみ合う邑：住民投票条例の制定と温存する知恵

むらの論理が機能した基盤整備事業に比べ、原発の受け入れについては町民全体が推進―反対の選択を迫られた。一つのむらの範囲を越え、それまでほとんどかかわりのなかったむらやまちの人びとの全体――行政的に設定された町――が決定の単位になった。それはむらが、行政単位としての町へ再編されていく危険も伴った。しかし、原発騒動に巻き込まれていく雑多な文脈は、そのことを許さなかった。

本節は住民投票の制定と、それが実際使われずに終結するまでの過程を追う。窪川町における原発立地をめぐる住民投票条例の制定は、これまで原発反対運動によってもたらされた画期的な条例と評価されてきた。

しかし、私は条例が制定されたことよりも、制定された条例にもとづく住民投票が行なわれなかったことこそが重要である、と考える。住民投票はあくまで多数決の論理であり、その母集団は行政的に設定された単位としての窪川町民である。むらのように延々ともみ合うことを担保するような、生活と生産の共同性も存在していない。性急に住民投票を行なえば、負けた側が負う傷は大きくなり、勝った側と負けた側の関係の修復は困難になる。そもそも推進か、反対か、態度を決めるのは、運動に積極的に参加していない人にとっては難しい。

ここで守田志郎の議論を振り返ろう。大塚久雄に代表される戦後日本の共同体論は、むらを封建的なものとし、乗り越えるべき対象とする。しかし、守田はむらにこそ、近代性を身にまとった諸制度への本源的な批判力を見出す。守田の批判は、多数決にも向けられる。

多数決は意味をなさない。部落のなかでは多数が有利というので決定してしまえば、少数者一人一人が負う損はやたらと大きくなってしまう。それは生活とそのための生産に大きな差となって現れてしまう。それでは部落の呼吸は乱れてしまうということなのか、そういう議決はしない。だからといって、構成員のすべてを完全に同じに満足させる決議を、いつでも得ることができるというわけでもない。そこがむずかしい。だれかが、いくらかの我慢をしなければならない。そういう関係を残してことが決められなくてはならないことが多いわけである。これはしかたがない。その、我慢のしかたなさをふくめて部落の全会一致の議決論理がなりたつのである。［守田　2003、124］

原発計画は、国家や巨大資本と手を組もうという、町内の一部有力者によってすすめられた。住民投票条例は、その暴走を食い止める歯止めとされた。しかし、実際に住民投票が実施されれば、多数決の論理に従うことになる。それはまた、町に住む人びとの間に新たな断絶を生み出すことになる。その断絶は、回避しなければならない。

原発反対を約束して町長の職について藤戸進は突如変節し、原発の調査推進に邁進した。1980（昭和55）年10月の立地可能性調査推進請願が可決されると、推進側の住民すらも驚くスピードで四国電力へ調査要請に出かけた。

多くの町民が、原発反対運動に参加し、町長リコール運動を起こすのは、原発の危険性を学んだことや、原発を受け入れた伊方町に活気がないことを確認したからだけではない。原発に反対する人びとや、慎重な議論を求める人びとの声を無視して、一部の有力者がゴリ押しで原発推進に邁進していくことを危惧したからである。[118] 前節で論じたほ場整備事業はむらで長い時間かけてもみ合い、合意を得ていく。同じように窪川町農村開発整備協議会も、調査や議論に実に長い時間をかけて計画を策定し、体制を整えていった。それに比べたとき、原発計画は町外の国や県、大企業といった、町に住む人びとにはなかなか想像できない巨大な勢力の力を受けて、あまりにも早い速度で議論が進められていった。

その速度への抗いが運動であった。大臣や与党自民党の幹事長まで窪川に押し寄せたリコール選挙のスローガンは、「窪川のことは窪川町民がきめる」だった。それゆえ、町外から反対運動の応援にやってきた県議や代議士にはマイクを持たせなかった。

住民投票条例は、当初、住民たちの意見表明を確保するために構想された。さらに言えば、リコール投票も独断専行する町長に対して、町民一人ひとりの意思を突きつける場として設定されたものだ。原発設置反対町民会議は、1980（昭和55）年10月23日に提出した「住民投票条例を求める直接請求」の趣旨において、「原発設置に関して町民一人一人が納得できる意思を反映しておらず、町民の間にさまざまな不安や混乱が生じている」と現状を訴え、立地可能性調査を受け入れるかどうか住民投票によって決することを求めた。町長はこの請求を無視し、四国電力に調査要請を行なう。それが町民会議の人びとを怒らせ、リコール運動のきっかけになった。このとき、原発設置反対町民会議は「原発立地には町民の半数が反対している。23日には、調査に関する住民投票条例の直接請求も行なった。町民の合意も得られていない立地調査を、安全性論議抜きで、調査要請したことは、町民無視もはなはだしいファッショ的暴挙といえる」という声明を出している。

一方、調査推進請願を出した原子力発電研究会の大西晃会長も、「反対住民が多数いるのだから、慎重な行動を取ってほしかった。このままでは、町長の独断とゴリ押しになる。今後は、研究会の総会を開き対応していくが、原発の安全性について学習していくことになる。そのうえで、誘致するかどうかを決めたい。町民本位で考えるべきもので、町長先行、行政主導型ではあってはいけない」と語っている。[119] 独走する町長を食い止めるために、住民投票が構想され、それが無視されることでリコール運動が燃え上がった。

出直し選挙に出馬した藤戸進は、住民投票条例の制定を公約に入れた。その結果、住民投票は争点にならず、結果、彼は再び町長の椅子に座る。しかし、反対派が求めた立地可能性調査前の住民投票ではなく、立地可能性調査が終わった後、四国電力からの立地申し入れのあった段階での住民投票とした。

再選した藤戸は意気軒昂となり、敗北したふるさと会は意気消沈した。

しかし、その後のプロセスは藤戸町長が思うようには進まなかった。

藤戸は再選する町長選挙で、窪川町内の全ての地区（集落）で原発学習会を開催することを、住民投票条例の制定とともに公約とした。

原発学習会は、行政懇談会と名称を変え、1981（昭和56）年12月に興津浦分、興津小室、小鶴津・大鶴津地区、志和浦分、志和郷分といった沿岸部で開催され、その後台地部に広がる計画だった。このうち志和郷分地区は住民からの反発が強くあり、予定通り実施できずに流会した。

行政懇談会の司会は各地区の総代が務めた。ちょうどこの時期に町内全体で200人余りの総代の改選期であった。これまで「行政のこま使い」「地区の単なる名誉職」と言われ、各家の輪番交代で務められていた総代職は、自派に有利な展開で行政懇談会を進行するため、各地区で町議選さながらの選挙が行なわれた[120]。つまり、原発騒動は各地区の地域政治を活発化させ、それが立地調査に向けたスケジュールを遅延させていった。結局、藤戸町長は1984(昭和59)年に開かれた窪川町三月定例議会で志和郷分・興津郷分の両地区での行政懇談会は開催不可能と判断し、四国電力との立地調査の協定書締結に向けて作業に入ると明らかにした。しかし、当初の予定通りに行政懇談会が開かれなかったことは、反対派からの批判を浴びることになり、それが立地調査の協定書締結をさらに遅延させていった。

そんななか、1984(昭和59)年に窪川町議会と高知県議会は立地調査を前に進めるために「原発立地調査促進決議」を議決した。窪川町議会では、反対派議員の1983(昭和58)年選挙での躍進があり、11対10というぎりぎりの可決だった

これに対して、高知県漁連は、1984(昭和59)年5月に開かれた通常総会で、「今後は原発問題への介入を行わず、地域の問題として興津・志和両漁協および原発反対高知県漁民会議に対応を委ねる」との方針を承認した。その結果、県漁協を通じ、関係漁協に対して調査受け入れの説得を図ろうとした高知県の計画は頓挫した。原発反対高知県漁民会議議長の笹岡徳馬は須崎の漁師で、ビキニ核実験の放射能マグロの直接的被害船主であり、「高知県に原発は絶対に許さない」「われわれの反対にかかわらず、海洋調査が強行されるなら、県内の反対漁民と5000隻の漁船を動員、海上封鎖して共に闘う」と表明していた[島岡 2015、86]。県漁連の決定を受けて、漁民会議は「可能性調査即立地であること、漁業と原発の共存共栄はできないこと、の二点を認めない限り、県との話し合いの場をもたない」と、

高知県に対して通告した。[121]

一方、ぎりぎり可決した窪川町議会の原発立地調査促進決議は、逆にむらに暮らす推進派議員を苦しめた。賛否が伯仲している志和漁協組合長で、明豊会に所属する町議でもある中野加造は、次のように語る。「窪川町議会での立地可能性調査促進決議案可決は、議席を持った上、組合長の席にある私にとってあまりにも過酷なものだった。賛否両派が百パーセント納得がいかないにしても、そこに住む漁民の生活に感情的な傷を残さないような徹底した原発論議を尽くすなど、地域住民への十分な働きかけがこれまでされてこなかった」[122]。この中野の言葉には、明豊会メンバーにも立地調査を性急に進める藤戸町長への戸惑いがあったことが伺える。同時に原発推進派議員のなかにも、地域内に感情的な傷を残さないように徹底的な議論を望む声が存在していたことを確認できる。

1983年8月3日、東又本堂で開かれた住民懇談会（原発学習会）。（島岡幹夫氏提供）

このように原発立地を進めるための計画は、住民懇談会の開催においても、県漁連の不介入の決断においても、むらの内側と外側の双方の人間たちの信念や戸惑いに翻弄されながら遅延されていく。この間、1983（昭和58）年1月の町議選挙ではふるさと会議員が躍進し、町議会の勢力は伯仲した。1987（昭和62）年2月の町議選挙でも、立地推進派が一人減った。そして1986（昭和61）年に起きたチェルノブイリ原発事故は、町内外の原発をめぐる世論を、原発受け入れ断固拒否に変えていく。さらに国内の電力需要は低迷し、また四国電力管区では伊方原発3号機が1986（昭和61）年11月に着工した。窪川原発計画は風前の灯となった。

このように原発計画をめぐるもみ合いは、一つのむらの範囲を越えて、その外の多様な文脈へと広がっていく。その多様な文脈の混淆体こそ「邑」である。邑で、原発はもみ合われていった。リコール投票の後に萎んだ邑は、しかし枯れることなくその命脈を保ち続けた。

私は窪川原発反対運動の要点は、原発立地をめぐる住民投票条例を作ったことよりも、作った住民投票条例を使わなかったことにあると結論づける。

住民投票条例は、推進側にとっても、反対派にとっても両刃の剣だった。どちらも最後まで得票を読みきれなかった。反対側にとって住民投票に敗れることは、息の根を止められることを意味した。一方、推進側にとってもせっかく行政懇談会や立地可能性調査を実施しても、住民投票で反対が勝てば、努力も水泡に帰してしまう。多数決による選挙は、どちらの陣営にとっても暴力性を内包していた。町内の一部の人間が原発推進を進めることに歯止めをかけるために、住民投票条例の制定が叫ばれた。同時に、もみ合うことなく推進—反対を決してしまわないように、住民投票条例は温存された。その結果、原発計画は窪川町内外のさまざまな文脈を巻き込みながら、うんざりするほどに長い時間かけてもみ合われ、人びとを疲弊させた。

そして、いつしか原発立地計画はもみ消された。

全会一致ということ：原発終結宣言

1987（昭和62）年12月23日、藤戸町長にとって晴天の霹靂（へきれき）の事態が起きる。これまで明豊会に所属する町議であった芳川光義が、突如、昭和63年度予算案に原発関係の予算を計上することに賛成しないと通達してきたのである。

芳川は、1971（昭和46）年から町議を務め、1980（昭和55）年に窪川町原発研究会が調査推進請願を出す頃には、原発推進派の先頭で活動していた。その芳川が反対派に寝返ることは大きな衝撃だった。それだけではない。芳川が反対派に寝返ることは、議会の推進派と反対派の形成が逆転することも意味した。予算の成立が困難になったことで、藤戸は「原発棚上げ」表明と、辞職に追い込まれる。

芳川は変節の理由を次のように説明している。

電力需要の落ち込みなど客観的情勢の変化もあったが、骨肉を争った町民同士の「けんか」をここらでやめんと、窪川の町がだめになると思うて…[123]

原発騒動の始まりから、誘致の中心に動いた芳川も骨肉の争いのなかで疲弊していた。

そんな空気のなかで、反対派の島岡幹夫が動く。

島岡は、原発騒動が膠着状態の続く1986（昭和61）年頃から、毎週1回芳川のもとに通っていた。芳川の家に通う口実をつくるため、島岡は芳川の集落に住む知人に、自分の家の牛十数頭を預けた。牛の世話は、その家の娘に頼んだ。週に1回、島岡は牛の様子を見に出かけた。そして、その足で芳川の家を訪れ、茶を飲みながら話をした。

二人は、窪川の一次産業振興への思いを共有していた。農業振興についての意見を交換しながら、島岡は折を見て、そろそろ原発問題にけりをつける時期である、と芳川に訴えた。

芳川は一次産業振興のために、国営農地開発事業を進めようと考えていた。自身の集落をその候補地の一つと考えていた。島岡はその点をついた。「国営農地事業は応援する。しかし、社会的な情勢からももう窪川原発は幕引きできませんか。町民が憎しみ合うことはやめたい［島岡　2015、87］」。

窪川原発をめぐる状況は、明らかに潮目が変わっていた。チェルノブイリ原発事故、興津・志和漁協の立地調査拒否。それに続いて全国的な電力需要低迷のなかで、伊方原発3号機の建設も始まり、四国電力は窪川での原発建設の姿勢を弱めていた。さらに窪川原発を高知空港整備後の開発の核と位置づけていた中内知事も、1987（昭和62）年3月4日の県議会本会議で、「電力需要の落ち込みなど、今は高速道と高知新港が第一だ」と、窪川原発推進に及び腰になっていた。

そんな状況のなかで、一次産業振興という目的を共有する芳川と島岡は、原発計画の棚上げと、国営農地事業推進で妥協した。

1987（昭和62）年12月23日、窪川町十二月議会定例会最終日、議事日程がすべて終了した後、芳川は島岡とともに町長室を訪ねた。そして、藤戸に「次の3月の当初予算に原発予算を組んだらわしは否決するぜよ」と言い放った。藤戸は泡を食ったような表情を浮かべ、何も語れなかった、という。

原発騒動が終結した後、芳川は自分の暮らすむらの農家と「高野有機農法生産組合」を結成し、有機栽培の米作りを始めた。持ち掛けたのは島岡だった。島岡が芳川に大阪の消費者グループを紹介した。

二人の町づくりの情熱は有機農業と消費者の提携に向かった。

　窪川における国営農地事業も、有機農法生産組合の活動も、芳川が思い描いたような成功をしたわけではない。芳川が有機栽培を始めた田んぼは、いま、島岡の仲介もあって、第三章で登場した井上富公が耕作している。地域のことを独断で決める芳川の姿に怒り、原発反対運動に参加した井上が、芳川が思いを込めた田んぼを引き継いでいる。


　藤戸が町長を辞任し、新しい町長に替わった後の１９８８（昭和63）年の六月議会において、ふるさと会に所属する議員の一部が、窪川町四国電力と１９８４（昭和59）年12月に結んだ「原発立地可能性等調査協定書」の破棄勧告決議案の提出を企てる。しかし、この議案には明豊会に所属する議員からの反発が予想された。採決すれば、僅差の勝利となり、後に大きなしこりになる。そのため島岡ら、ふるさと会の議員たちは「何とかして議会として一つのすんなりした姿勢を出したい。それには原発問題について論議も一切しないということで、原発問題の終結宣言をしたい。これに協力してくれないか」と、推進派の議員たちを説得して回った。やがて、明豊会に所属する議員たちも説得に応じていく。

　議員たちのもみ合いの中で「原発問題論議の終結」に落ち着き、決議案には推進派議員、反対派議員の双方が賛成者に名前を連ねた。

　決議案は１９８８（昭和63）年6月25日、窪川町議会は六月議会最終日に上程された。島岡幹夫が提案理由を説明した後、「当議会は町民の和を希い窪川原発論議の終結を宣言し、右決議する」との決議文を読み上げ、採決に入った。全議員が起立すると、傍聴席だけでなく、推進派・反対派の垣根なく全議員からも拍手が沸き起こった。ここに、全会一致「原発問題の終結宣言」が決議された[124]。

マスコミや町外の支援者からは、この終結宣言は法的拘束力をもたず、推進・反対のそれぞれに自由な解釈が可能な玉虫色の内容ともみられた。これで原発問題が終結するのかという批判の声もあがった。しかし、町民はこれで原発問題は終わったのだ、と思った。以来、窪川町内で原発を誘致するという話が表面化することはなかった。ここで再び、原田津の「妥協はもんだあとにだけ存在する。逆にいえばもめばもみっぱなしではなくて、もめば必ず妥協の知恵がでてくる」という言葉を思い起こそう。「あえていえば、あきらめなければこれからむらとしてお互い一緒に暮らしていけないではないか、それは困る」という判断が、議員一人ひとりを決議に際して起立せしめた。

原発論議の終結宣言を全会一致で決議したことこそが、窪川の人びとの聡明さであるということに、何か不都合があるだろうか。

《注》

(116) 市川和男のホームページ「U」http://www.suisyouu.com/（2015年3月15日取得）より。

(117) 1983（昭和58）年町議会選挙における明豊会の政策、及び野坂の反論は、「激突窪川　争点を追う　下　町議選食い違う産業振興策」『朝日新聞』1983・1・25地域面（高知）を参照。

(118) この点は、たとえば第二章に登場する岡部勤の言葉にも読み取れる。住民投票で推進派が勝てば、自分は反対運動から身を引くという言葉は、岡部が原発に対して絶対的な否を唱えたのではなく、むしろ町の将来を見据え、多様な意見にも目配りをした丁寧な対話をこそ求めていた、と考えられる。

(119)「四電に窪川原発調査要請　町長、本社を訪問　協定含む3条件示す」『高知新聞』1980・10・25。

(120)「総代争奪戦に熱気　再会の原発学習会舞台裏　高岡郡窪川町」『高知新聞』1982・1・17。

(121)「窪川原発　漁連不介入の意味　比重高まる漁民会議　6月議会前に県も苦慮」『高知新聞』1984・5・26。

(122) 同右。
(123) 「ポスト窪川　模索する窪川町7　対立の後に　有機米で新たな出発　昨日の敵は今日の友」『高知新聞』1991・5・24。
(124) 島岡幹夫からの聞き取り、および「窪川原発の論議終結宣言 町議会が全会一致　焦点『協定書』の撤回」『高知新聞』1988・6・26を参照。なお、「原発立地可能性等調査協定書」の撤回決議案は1990（平成2）年12月25日に町議会で協議され、決議に反対する議員全員が退席した後、残る全議員の賛成で可決された。元々原発推進の立場にあった議員が、この決議案をめぐる討論は、「原発論議の終結宣言に反する」「議会の和を乱す」と決議案の提出に反発した。これを受けた町長も、決議を重く受け止めるとしつつ、この協定書問題が「町の和を乱すことのないように、（今後の四国電力との解約交渉を）最大限頑張るとしている（「原発協定書　撤回決議を可決　窪川町議会誘致は全員退場」『高知新聞』1990・12・26）。あくまで、議会や町内の和を守ることが、決議案に反対する議員にも、決議を受ける町長にも、焦点になっていることが伺える。なおこの撤回決議に対する四国電力からの応答は今もない。

結びとして

鶴津：沈黙する核心

本書は、窪川原発騒動について語ってきたが、その核心についてはほとんど語っていない。核心とは窪川原発が建設される予定だった、鶴津のことである。

今、鶴津に足を運ぶのは困難を極める。志和から鶴津に向う町道は、海岸沿いを走る。ほどなくして、枝や落ち葉が片づけられずにそのままになる。そこから先海岸側にはガードレールはない。道の横は断崖絶壁である。二十歳で免許を取得して以来、15年以上にわたってペーパードライバーであり、実質的に窪川で運転を覚えた私は、鶴津に行くことを人びとに強く止められた。地元の人びとも、鶴津まで車を走らせることは乗り気ではなかった。原発ができれば、久礼から上ノ加江、志和を通り、興津に抜ける海岸道路がつくられたはずだが、結局道路は志和で止まったままだ。

１９６１（昭和36）年に始まる農業基本法体制を受けて、窪川各地で多様な農業経営が生まれるなかで、鶴津からは人が流出し続けた。大鶴津・小鶴津が世界農林業センサスの農業集落カードに登場するのは、１９７０（昭和45）年までである。１９８０（昭和55）年からは両集落のカードは消える。１９７０（昭和45）年農業集落カードによれば、大鶴津の総戸数は5戸、１９６０（昭和35）年の総世帯人口は17人、１９６５（昭和40）年には13人になる。役場までの所要時間は通常の交通手段で１５０分、最寄りのバス停まで90分かかる。小学校・中学校は志和まで７㎞の道のりがある。小鶴津の総戸数は４戸、１９６０（昭和35）年の総世帯人口は21人、１９６５（昭和40）年には12人になっている。役場まで１２０分。最寄りのバス停まで50分。小学校中学校までは４㎞。１９６５（昭和40）年段階で、総世帯人口は大鶴津と小鶴津を足しても、25人である。

集落消滅に至るほどの人口減少のなかで、鶴津は原発騒動の渦中に放り込まれた。当初から、鶴津は原発建設候補地と噂された。1981（昭和56）年の12月14日の記者会見で、藤戸町長は原発学習会の日程と住民に配布する事前資料を配布した。ここで示された「調査範囲図」には鶴津を中心とする陸海部が示されており、四国電力の立地想定地であることが明らかになった。[125]

そんななかでも、鶴津の集落は見かけ上平穏だった。町内他地域では原発推進と反対の看板が林立するなか、鶴津には看板は立っていない。鶴津原発立地の中心であることが示された年の翌年である1982（昭和57）年の高知新聞記者の取材に、小鶴津の老人は「今まで見向きもされなかった地区。われわれの念願のかなうチャンス到来だ」と語り、原発の受け入れへの意思をにおわせていた。実際、1981（昭和56）年12月に鶴津地区で開催された行政懇談会で、出席者は町長に対して、「地区に通じる町道を舗装してもらうまでは調査の受け入れはできない」と要望していた。同じく高知新聞記者の取材に対して、大鶴津の老人は、「反当り10万円というてもいらん、といわれかねん土地。それでもわしらは荒らさんと守ってきた。売る売らないは条件次第やね」と語った。一方、小鶴津の老婦人は、「住民投票条例で決めるいうても、わたしらの票はごくわずか、地元の声はないに等しい」と語った。

1982（昭和57）年の鶴津地区の戸数は、大鶴津・小鶴津あわせて6戸。有権者は13人しかいない。町民の手で決めるためにつくられた住民投票条例は、原発立地の核心部に暮らす鶴津の人びとにとって、他人の手に判断を委ねるもの、自分たちの無力さを感じさせるものでしかなかった。[126] 町内で原発計画を推進する人びととも、それに反対する人びととも、鶴津の人びとの意識は乖離していた。

その乖離をうまく利用して、鶴津に原発立地が計画されたとも言える。

「そうじゃねえ、候補者がここに来たいうたら過去にも1回はあったろうか。不便なところじゃものね」。

1985（昭和60）年の町長選挙の際にも、候補者のポスターは1枚も貼られなかった。有権者はさらに減り、11人になっていた。11人は投票のため、あの断崖の道を投票所の志和小学校まで出かけた。[127]

しかし、鶴津の再興はかなわなかった。1981（昭和56）年の12月の行政懇談会のあと鶴津の人びとは、町に10項目以上の要望書を追加提出した。しかし、道路は整備されることはないまま、原発騒動は終結する。小鶴津から大鶴津への道は今も舗装もされていない。

2003年7月に5000万年前の震源断層が、世界で初めて小鶴津海岸で見つかった。[128] その世界的大発見によって町中が沸いた翌月、窪川町を台風が襲い、志和―鶴津の町道は通行止めになった。小鶴津の2世帯4人は孤立状態になった。取り残されたのはすべて老人だったため、食糧は志和から船を出して運んだ。[129] 町道は延長22m、高さ50mにわたって崩落し、翌月下旬まで通行止めになった。窪川町が再び全国的な注目を集めるなかで、鶴津の集落には別の時間が流れているようだった。2014年1月、長い時間一人で住んでいた老人が、大鶴津を去った。大鶴津の氏神である須賀神社は2000年になる頃に建て替えられた。今、訪れるとその新しさが際立つ。[130]

平成22年度をもって閉校した志和小学校閉校記念誌には、鶴津の写真が何枚か載っている［記念誌編集委員会編 2011］。小鶴津には砂浜が広がっていた。志和小学校の遠足は、小鶴津の浜まで歩くのが定例行事だった。子どもたちは、白い砂浜で遊び、弁当を食べた。そんな砂浜も、バブルの全盛期に海底の砂は乱獲され、跡形もなくなった。大鶴津への嫁入り風景は、1970年の写真である。伝馬船に乗ってやってきた花嫁を、浜で待つ人たちが満面の笑みで迎えている。海上には小型船で正装した花嫁の親族らしき人びとが写っている。1982年の全戸数6戸と言われたなかに、このときに生まれた家族は含まれているのだろうか。

原発ができないなかで、鶴津の集落から人びとはいなくなっていった。原発ができたとしても鶴津に住む人びとは自分の土地を原発のために譲らざるを得なかった。窪川町の辺境としての鶴津は、それゆえに原発を計画された。町内が原発計画の是非をめぐって激しくもみ合うなかで、鶴津は傍らにおかれたままだった。町長選挙や町議選挙においても、その声が届くという実感をもつことはできなかった。

呼びさまされる記憶：戦後開拓

流亡した人びとの存在は、時に呼びさまされる。

ある日、島岡家に保存された原発反対運動の資料を見ていたところ、島岡幹夫が1枚の地図を封筒から出して説明を始めた。地図は興津から小鶴津までの海岸線周辺のものだった。所有者ごとに、土地の境界線が引かれていた。興津と志和の中間点には、冠岬がある。岬の付け根が大鶴津であり、そこから志和に向って北上すれば小鶴津である。興津から冠岬に海岸線に沿って向う途中に、細切れの土地がいくつも存在している。ボーリング試掘調査をするためにも、原発関連施設をつくるにしても、この土地の地権者が誰なのかが重要な問題となる。

島岡は地図を指差しながら、この細切れの土地の一部が戦後開拓された場所である、と語った。開拓民は、急峻な斜面の雑木林を切り開き、モモやスモモを植えたという。一人ひとりの持分は一反数畝の狭小な土地だった。しかし興津まで運ぶにも、満足な道はない。

島岡和子は、その土地の名前を荒平山と呼ぶ。１９５６（昭和31）年頃、和子が二十歳のときに、友人のバイクに乗ってそこを訪ねたことがあった。当時残っていたのは一軒だけで、粗末な小屋に老人と知恵遅れの青年がいたという。少量の米を渡すと、二人はとても喜び、たわわに実った杏や桃をくれた。

開拓地の人びとは東又までやってきて、自分たちの作ったモモを行商していた。行商は島岡和子と幹夫が結婚する1961（昭和36）年頃までは続いた。やがて人びとは開拓をあきらめて、大阪方面へ移住していったのではないか、と島岡は語る。

議員になった島岡は、ふるさと会の人びとととこの山周辺を歩いた。そして、どの土地の地権者が誰かを調べていった。地権者がわかると、その係累を興津の町で探し、その人を通じて原発やその関連施設のために土地を売らないように説得した。結果、荒平山周辺には原発による買収を拒否する狭小な土地が、モザイク上に存在するようになった。そのことを町議会で町長に突きつけると、町長は沈黙した。

島岡が語る土地の持ち主が誰で、彼らがどこに移住していったのかは、今は確かめられない。ふるさと会事務局次長の甲把英一が所蔵した資料の中には、大字興津の字「ムカウヤマ」に開拓組合の所有する山林があること、大鶴津の「チソガ谷山」に高南開拓農業協同組合の所有する山林があることが確かめられるだけである。高知県農林部農地開拓課が1955（昭和30）年にまとめた『高知県農地開拓事業概要』によれば、興津開拓農業組合は、1948（昭和23）年11月11日に正会員11名、準会員14名、戸数1戸で設立されている［高知県農林部農地開拓課編　1955］。また柑橘90本が有志によって植えられたとある。一方、高知新聞によれば、高南開拓農協は1956（昭和31）年に窪川町の東又、富岡、興津、上ノ加江町（上ノ加江、灘山）須崎市（久和）の1市2町6開拓農協組合によって設立された。(131)つまり、1948年に設立された興津開拓農協は高南開拓農協に合併されたと考えられる。

しかし私が調べられたのは、ここまでである。開拓農業組合と記された土地だけが開拓民によって拓かれたものなのか、それとも他にもあるのかはこの資料からでは確かめられない。また甲把がこの土地登記の資料をなぜ持っていたのかも、甲把が亡くなった今確かめられない。興津開拓農業協同組合のことを知っている人を興津で探したが、限られた時間で見つけることはできなかった。

今、彼らの足取りを探るのは困難を極める。

しかし、どこかに移住していった人びとが開拓した土地が、そして彼らの意思が、原発開発の一つの歯止めになったと島岡幹夫に記憶されているのは、紛れもない真実である。島岡の語りを介して、我々は原発が建設されるような窪川町の辺境に流着し、そこを開拓した人びとの存在を知る。島岡の語りは、開拓をあきらめて何処かに流亡した彼らが自ら開拓した土地を売り渡さなかったとする。つまり、不在の彼らこそが原発計画を止める一つの歯止めとなった、と語られる。

ここにおいて、流着し、流亡する開拓者たちは、原発問題をもみ合う邑につなぎとめられる。

この人びとのなかにある歴史：地域史―世界史―個人史

町長として原発計画を推進した藤戸進は、１９９９年４月の県議選で敗れ、２期務めた県議の座を明け渡すことになった。その年の12月、長年連れ添った妻の里美を亡くす。藤戸より10歳年下の里美は、このときまだ還暦を迎えたばかりだった。県議選に落選し、妻に先立たれた晩年の藤戸は孤独だった。一人町内中心部の病院に通う姿を、多くの人たちが目にしている。脳梗塞を患った藤戸は２００３年から老人福祉施設で暮らし、２００４年の９月18日に76歳で亡くなる。窪川の多くの人びとが、藤戸の最期は淋しかったと語る。

農家の次男坊として、藤戸は故郷を出て、東京の中央大学へ進学した。卒業後、高知市役所に勤めていた藤戸は、長男である兄広光がパラグアイへ移住するに際して、家の跡取りとなるため窪川に帰着した。その先で、彼は町議となり、町長となり、そして窪川町に原発を誘致する先頭に立つ。

第四章で論じたように、1980年秋に藤戸広光はアマンバイ日本人会会長として窪川に帰国する。町長となった弟は兄に、日本人会が主催する運動会のための優勝旗を贈る。パラグアイの地で苦難を乗り越えて日本人会会長となった兄と、故郷で町長となった弟がそれぞれに錦を飾った瞬間であろう。二人の人生は、国策と資本の運動に翻弄された。原発推進する国策の代理人として、国家をあげて支援された弟は、後にチェルノブイリ原発事故、電力需要の低下といった状況のなかで後ろ盾を失っていく。それでも、死に際して、当時町議会議長を務めていた島岡幹夫を含め町内外のさまざまな人びとに語りを寄せられた弟に対し、兄の広光がどこで、いつ亡くなったのか記憶している町民はほとんどいない。兄は、1982（昭和57）年に刊行された『アマンバイ移住地25周年誌』に次のような文章を寄せている。

国際協力事業団の直轄移住地とは異なり米系CAFE耕地との間に雇用契約が結ばれて生じた移住地であり、契約期間に働いて得た賃金を蓄積して自立、自営の資本としなければならない移住者にとって、移住初期に会社の倒産は正に致命的な打撃であり、各自の自活、自営農への道は、苦難の連続で筆舌に尽せるものではなかった。しかし、良く立ち上がって今日に至ったものと、感慨無量なものがあります。そこに培われてきた、斗魂と連帯意識こそ、私達の不滅の力であり。誇りであり、また未来への発展の貴重な布石であると確信致します。［アマンバイ移住地25周年刊行委員会編　1982、1］

窪川に流着した弟と、窪川から流亡した兄。二人の人生は世界史に翻弄されつつ、それぞれの仕方で窪川の地域史につなぎとめられた。原発騒動において弟が一方の側の代表者として立つのは、兄が米系企業のコーヒー農園の労働者になるという決断をしたからに他ならない。

兄と弟、それぞれの生は、まさに「筆舌に尽くしがたい苦難」の連続のなかで強烈な固有性を帯び、窪川の地域史を閉じた枠組みで語られることも、画一化した語りに還元されることも拒絶する。同じことはまた、原発騒動に巻き込まれ、邑を構成していったすべての人びとの人生についても言える。彼ら、彼女らは、それぞれの仕方で、窪川原発騒動が起きたその同時代の世界史を生きた。

地域史を掘ることは、いつしか世界史につながる。とともに、それは個人史のその固有性を、置き換えも再現も不可能なものとして際立たせる。


本書は、窪川の原発反対運動を原発反対運動の時期に限定することなく、可能な限り過去の地域史を遡行し、そのなかで原発反対運動を理解しようと努めてきた。過去への遡行によって、窪川に生きたこと、、、、のある雑多な人びとの存在に気づかされた。今むらに生きる人びとも、ずっとそこに住み続けていたわけではない。若い頃に出奔することも、東京や大阪の大学や専門学校へ行くことも、出稼ぎに行くことも、国家の膨張と奉職する会社の海外進出のなかで植民地へ派遣されることも、ビルマ前線へ出征することも、戦後開拓移民でパラグアイへ移住することも、経営が立ち行かなくなり流亡していくこともあった。その先で死んでいった人びとも無数に存在している。

近代農業の行き着く先で窪川町農村開発整備協議会が紡ぎだした「住みつく里」という言葉も、国策共同体がもたらした原発立地計画に対峙するなかで「郷土をよくする会」が紡ぎだした「郷土(ふるさと)」という言葉も、そういった世界史のなかで起こる人びとの流着と流亡に対する感覚を研ぎ澄ますなかでこそ、理解しなければならない。実際に、郷土をよくする会は雑多な人びとが寄り集まり、結成された。

それはまた、世界史の激流のなかで流亡し、流着しながら、それでもどこかに土着しようとする存在としての〈私たち〉を認めることでもある。

《注》

(125)「鶴津地区を中心に　原発立地調査窪川町長示す　学習会、17日から」『高知新聞』1981・12・14。
(126)「西南特集　視点　窪川原発立地候補地　大鶴津、小鶴津を行く　『浮上のチャンス』期待と不安交錯」『高知新聞』1982・8・6。
(127)「窪川町長選　候補地の鶴津はいま」『高知新聞』1985・4・13。
(128) 2010年、文化審議会が国天然記念物にするよう答申。
(129)「窪川町小鶴津　2世帯4人孤立状態　台風10号で土砂崩れ」『高知新聞』2003・8・11。
(130)「窪川原発　候補地は今　住人おらず廃屋、荒地に　四万十町大鶴津　計画34年」『高知新聞』2014・7・14。
(131)「製茶工場も（窪川）」『高知新聞』1956・4・5。高知県の戦後開拓については、他に『高知県農林部農業技術課編　1977』を参照。

島岡幹夫さん、島岡和子さん、島岡愛直さん、島岡直子さん、矢野堯子さん、市川隆子さん、山野上忍さん、辻高志さん、谷脇康一さん、平田恵美子さん、岡幸作さん、谷渕恵美子さん、佐竹貞夫さん、田辺浩三さん、井上富公さん、林一将さん、小島正明さん、下司孝之さん、田中正晴さん、葛岡哲男さん、中野重子さん、文本憲助さん、西谷左多生さん、西谷米美さん、森岡真さん、渡辺睦さん、中本貴志さん、足立浩平さん、加用純助さん、足羽潔さん、西森義信さん、田中哲夫さん、前田喜三郎さん、高垣恵一さん、梶原政利さん、岡部勤さん、山本哲資さん、大黒荘一さん、吉岡浩さん、河野守家さん、渡辺典勝さん、古谷幹夫さん

本書の執筆にあたり、以上の皆さんからの聞き取りを行なった。

《参考文献》

浅野セメント株式会社編
　1940『浅野セメント沿革史』浅野セメント。
アマンバイ移住地25周年刊行委員会編
　1982『雄飛――アマンバイ移住地25周年誌』アマンバイ移住地25周年誌刊行委員会。
アマンバイ入植50周年誌編纂委員会編
　2009『雄飛――アマンバイ入植50周記年誌　50年の歩みと豊かな未来を目指して　1956〜』アマンバイ日本人会。
阿南市史編さん委員会
　2007『阿南市史　第4巻　現代阿南の出発と発展』阿南市。
飯田哲也
　2011「はじめに「原子力ムラ」がもたらした破局的な〝終戦〟の日」『「原子力ムラ」を超えて――ポスト福島のエネルギー政策』飯田哲也、佐藤栄佐久、河野太郎編、pp.5-15、NHK出版。
井上泰志
　1993「ほ場整備の制度と仕組み」『くらしと農業』7(2):26-30。
市川和男
　1979『窪川町農村空間整備計画序説・補論――住みつく里の文明的意味を求めて』窪川町農村開発整備協議会。
　1980「里の道――整備協のあゆみ」『農村コミュニティ総合雑誌　むらざと　創刊号』窪川町農村開発整備協議会編、pp.2-9。
　1981a「里づくり計画試論――そのメタフィジカル・プランへのプロデュース」『地域開発』201:48-58。
　1981b「自由民権百年と里づくり」『地域コミュニティ総合雑誌　むらざと　第4号』窪川町農村開

発整備協議会編、pp.1-3。
1983「里づくり民権運動と窪川原発」『経済評論 増刊 '83市民のエネルギー白書』:12-35。
1984「「農」の文明を求めて――地域計画の現場から」『蒼:現代の状況と展望』3:126-159。
2004a『地域マンダラ論考』時空庵。
2004b『虹の思想』時空庵。
市川和男編
1990『喜之衛』ローカル通信舎。
伊藤守、松井克浩、渡辺登、杉原名穂子
2005『デモクラシー・リフレクション――巻町住民投票の社会学』リベルタ出版。
今井一
2000『住民投票――観客民主主義を超えて』岩波書店。
今村奈良臣、佐藤俊朗、志村博康、玉城哲、永田恵十郎、旗手勲
1977『土地改良百年史』平凡社。
今村奈良臣、玉城哲、旗手勲
1984『水利の社会構造』国際連合大学。
宇井純
1998「高知パルプ生コン事件」『沖縄大学地域研究所年報』10:3-9。
内山節
2010『共同体の基礎理論――自然と人間の基層から』農山漁村文化協会。
岡部金重
1980『土佐興津の歴史』東海大学出版会。
岡部勤
1980「対話のある里に」『農村コミュニティ総合雑誌 むらざと 第三号』窪川町農村開発整備協議

会、pp.23。
恩田勝亘
2011『新装版 原発に子孫の命は売れない――原発ができなかったフクシマ浪江町』七つ森書館。
開沼博
2011『「フクシマ」論――原子力ムラはなぜ生まれたのか』青土社。
かがり火編集部
2011「原発を止めた男――高知県旧窪川町島岡幹夫さん」『かがり火』138:17-19。
柏祐賢、坂本慶一編
1978『戦後農政の再検討』ミネルヴァ書房。
梶野政治
1981「小さな〝いっごっそう〟の町の大きな〝反乱〟」『朝日ジャーナル』23(13):8-9。
1982「原子力発電賛否両派に〝両刃の剣〟の住民投票」『朝日ジャーナル』24(33):102-104。
梶原政利
1988「窪川原発の火は消え去った」『部落』40(8):8-13。
春日直樹
2001『太平洋のラスプーチン――ヴィチ・カンバニ運動の歴史人類学』世界思想社。
甲把英一
1981a「原発町長リコールのまちから（窪川町レポート）　郷土と海は売りわたせない」『住民と自治』217:12-17。
1981b「続・窪川町レポート　されどわが郷土づくりのたたかいはつづく」『住民と自治』218:23-27。
1988「〝原発自治〟八年目の勝利」『暴走する原子力開発』日本科学者会議編、pp.158-167、リベルタ出版。

鎌田慧
1982『日本の原発地帯』潮出版社。
北あきら
1981『いのち育むふるさと――窪川原発反対闘争の記録』太平洋文学会。
1982『原発のないふるさとを――続窪川原発反対闘争の記録』太平洋文学会。
記念誌編集委員会編
2011『学びの里　志和』四万十町立志和小学校閉校記念事業実行委員会。
木村京太郎
1962「生活と教育の権利をまもる――高知県興津でのたたかい」『部落』14(8):52-57。
清原悠
2012「「ムラの欲望」とは何か――開沼博『「フクシマ」論』における「ムラ」と戦後日本の位置」『書評ソシオロゴス』8:1-38。
熊井一男
1981「窪川原発問題をかえりみて――町長リコール・解任に発展した窪川町の「原発」調査推進問題の教訓」『同盟』274:29-35。
國澤秀雄
1993『旗は燃えた』高知新聞社。
窪川町史編集委員会
1970『窪川町史』窪川町史編集委員会。
2005『窪川町史』窪川町。
窪川町農村開発整備協議会
1972『窪川町農家調査報告書』窪川町農村開発整備協議会。
1973『窪川町農村空間整備基本計画書』窪川町農村開発整備協議会。

１９８１『整備協の軌跡』窪川町農村開発整備協議会。

窪川町農村開発整備協議会事務局

１９７６『窪川町農村空間整備構想計画』窪川町農村開発整備協議会事務局。

栗原透

１９８８「窪川原発闘争　勝利の記録――経過の概要と反対運動のあらまし」『技術と人間』17(4):107-119。

剣持一已

１９８１a「ドキュメント・三月八日窪川町」『技術と人間』10(4):6-13。

１９８１b「高知・窪川町、リコール投票、町長選挙――新しい住民運動の胎動」『月刊自治研』23(6):115-137。

河野直践

２００２「農業者による原発反対運動の展開と地域農業振興の足跡――高知県窪川町と宮崎県串間市の事例から」『茨城大学地域総合研究所年報』35:1-18。

河野守家

１９８０a「農業随想」『農村コミュニティ総合雑誌　むらざと　創刊号』窪川町農村開発整備協議会編、pp.13-16。

１９８０b「内発的な発展を」『農村コミュニティ総合雑誌　むらざと　第3号』窪川町農村開発整備協議会編、pp.26-27。

高知県高岡郡窪川町農業委員会

１９８３『窪川町農業構造改善の方向と農業委員会の農地流動化対応』高知県高岡郡窪川町農業委員会。

高知県自然保護連合・方舟の会

１９８１「80年代高知版――地球は青い方舟だ」『80年代』10:53-68。

高知県市町村職員労働組合窪川町支部

1983「新聞研究会集会での講演にみる「原発町長」藤戸氏のおそるべき体質」高知県市町村職員労働組合窪川町支部。
高知県人権連興津支部
不詳「興津地域における部落問題解放への闘いの記録」高知県人権連興津支部。
高知県農林部農業技術課編
1977『入植開拓地の営農実態調査』高知県農林部農業技術課。
高知県農林部農地開拓課編
1955『高知県農地開拓事業概要』高知県農林部農地開拓課。
小桜義明
1973「高知県における工場誘致政策の形成と県営電気事業」『經濟論叢』112(2):105-133。
小松光一
1989『ヒト、ムラ、マツリの地域論――地域の自立と祝祭』二期出版。
小松寿子、下司敬子、山岡美代
1964「教育における地域性の研究――興津小中学校の学校保健の実態　高知大学学術研究報告」13(Ⅱ-1):1-60。
斉藤清
1981「窪川町反原発〝リコール一揆〟の顛末」『現代の眼』22(6):220-228。
佐々木泰清
2001『復刻版　志和二千年――志和郷七ヶ村史』佐井孝子。
佐藤和寿
1982「窪川町原子力発電所設置についての町民投票に関する条例について」『地方自治』421:61-79。
坂本慶一
1981「里づくりと地域主義」『農村コミュニティ総合雑誌　むらざと　第4号』窪川町農村開発整備

協議会編、pp.4-19。
坂本三郎
1981a「なぜ原発町長をリコールできたのか〈窪川町現地報告〉」『技術と人間』10(5):84-93。
1981b「〝窪川の暑い夏〟の始まり」『新日本文学』36(6):43-49。
三宮徳三郎
1970『高知県満州開拓史』土佐新聞出版部。
柴田鉄治
1981「裏目に出た政府・自民党の「過剰介入」――高知・窪川町〝原発リコール〟に見る〈国〉と〈地方〉の分裂」『朝日ジャーナル』23(13):6-7。
社会党原発対策全国連絡協議会編
1985『燎原の火』栗原透。
社史編纂委員会
1955『七十年史　序編・本編』日本セメント株式会社。
1983『百年史』日本セメント株式会社。
島岡幹夫
1981「窪川原発――現地より報告」『自治研』23(9):35-39。
1988「窪川原発、凍結に追い込む――8年目の勝利」『月刊社会党』389:142-151。
1989「講演　日本の反原発闘争と窪川町のたたかい」『全水道（全日本水道労働組合理論誌）』49:245-270。
2012「反原発を生きぬいて40年」『月刊社会教育』56(12):4-9。
2013「保守として、窪川町反原発運動を成功に導く」『原発を止める人々――3・11から官邸前まで』小熊英二編、pp.53-55、文藝春秋社。
2015『生きる――窪川原発阻止闘争と農の未来』高知新聞総合印刷。

全解連興津支部編
１９８１『おれたちの興津』図書出版文理閣。
蒼編集部
１９８３「原発に揺れる町窪川」『蒼：現代の状況と展望』2:130-151。
田島久歳、武田和久編
２０１１『パラグアイを知るための50章』明石書店。
脱原発をめざす高知県首長会議
２０１４『フクシマそしてクボカワ――脱原発を考える四万十・高知会議』高知新聞総合印刷。
田中一美
１９８３「ルポ　窪川原発10年戦争」『環境破壊』143:10-18。
谷渕隆朗（谷淵隆朗）
１９８０「私の生きざま――「百」姓として」『農村コミュニティ総合雑誌　むらざと　第2号』窪川町農村開発整備協議会編 :8-9。
１９８１「窪川自治元年――原発町長リコール・現地からの報告」『80年代』9:10-17。
１９８２「しのびよる「原子力文化」その黒い影」『反原発マップ』西尾漠編、pp.202-211、五月社。
１９８６「原発や農薬なんていらない！」『80年代』36:36-45。
塚田高哉
１９８５「野草旅日記」『80年代』29:104-110。
塚原純
１９８５ａ「高知県の片田舎にある原発の町・窪川を蝕む黒い魔手」『噂の真相』7(5):84-90。
１９８５ｂ「原発の町・窪川における選挙戦の黒い舞台裏」『噂の真相』7(6):84-90。
鶴見俊輔
２００３「ひとりの読者として」『日本の村――小さい部落』守田志郎、pp.i-vii、農山漁村文化協会。

土佐文雄
１９８１「窪川原発阻止と全解連」『部落』33(6):39-49。
友澤悠季
２０１５「声なき声は充満している――〝原発反対〟の底にあるもの」『〝生きる〟時間のパラダイム――被災現地から描く原発事故後の世界』関礼子編、pp.89-110、日本評論社。
仲井富
１９８１a「窪川原発選挙の残したもの」『世界』427:282-285。
１９８１b「今日の論理に対抗する「明日の論理」を――住民の自治を求めて――窪川の闘い」『月刊総評』282:69-74。
中島好子（中嶋好子）
１９８０a「「むだをなくする運動」に思う」『農村コミュニティ総合雑誌　むらざと　創刊号』窪川町農村開発整備協議会編:39。
１９８０b「随想　しあわせ」『農村コミュニティ総合雑誌　むらざと　第３号』窪川町農村開発整備協議会編:27。
中筋恵子
１９８１「ムラはいかに立ち上がったか」『季刊クライシス』10:51-62。
中田英樹
２０１４「戦後近代民主主義における「三界に家なし」農婦の「土着」する主体――岩手県北の女性を綴った一条ふみの「その地に留まるということ」」『PRIME』37:77-100。
中村政雄
１９８１「スリーマイルか窪川か」『知識』23:188-193。
中内力
１９９５『県庁わが人生』高知新聞社。

夏堀正元
　1981「ふるさとに原発が来る――民権百年の町と金権百年の町」『中央公論』1134:277-296。
新潟大学第三内科自治会
　1971『コラルジル中毒症』、新潟大学第三内科自治会。
西井一成、金正鎬
　1985「農山村酪農の展開条件と最適経営設計」『高知大学学術報告』34:43-55。
西田周二
　2002「興津地区の取り組み紹介」『くらしと農業』16(3):38-39。
野坂静雄、島岡幹夫、田辺浩三、岩本四郎、梶原政利、内原理恵、古谷幹夫、吉岡浩、長谷部伸作ほか
　1985「座談会　地域からの視座――原発に揺れる町・窪川が示すもの」『蒼：現代の状況と展望』5:22-71。
野添憲治
　1978『海を渡った開拓農民』日本放送出版協会。
長谷部高値
　1980a「自給自足を中心とした私の生活」『あすの農村』71:97-99。
　1980b「実践報告　窪川中央青果市場生産出荷組合の歩み」『農村コミュニティ総合雑誌　むらざと第3号』窪川町農村開発整備協議会編：33-34。
浜辺影一
　1984「反原発の声を結集した意見広告――来年の窪川町長選に向けて」『月刊社会党』342:165-169。
林雅行
　1981「反原発のいっごそうたち――窪川町長リコールと教職員組合」『教育評論』409:49-53。
原田律
　1975「〝むら〟は〝むら〟である――農村の論理・都市の論理」『〝むら〟でどう生きるか――講座　農

を生きる4』長須翔行編、pp.11-38、三一書房。
反原発キャンプイン実行委員会
１９８２『CAMPIN 4号　生命のフェスティバル』反原発キャンプイン実行委員会。
反原発運動全国連絡会編
１９９７『反原発マップ』緑風出版。
藤沢喜郎、西村渉、森田益子、富永徳孝、村越末男
１９７２「座談会　高知県の部落解放の闘い」『部落解放』23［1972］:52-71。
北京中医学院編
１９６８［１９７０］『初めて学ぶ人のための新中国の鍼灸療法入門』中国医学研究会訳、中国医学研究会。
本間義人
１９９９『国土計画を考える──開発路線のゆくえ』中央公論新社。
松田育
１９９４「産地今昔　興津の園芸のあゆみ」『くらしと農業』7(2):88-89。
宮台真司、飯田哲也
２０１１『原発社会からの離脱』講談社。
馬原鉄男
１９８６「国民融合をめざす部落解放運動──高知県窪川町興津・小室部落40年の歴史に学ぶ」『部落』38(7):6-35。
明神孝行
１９８８「原発を押し返した草の根のたたかい」『文化評論』332:72-76。
守田志郎
２００３「日本の村──小さい部落」、農山漁村文化協会。

山原健二郎
１９７１『土佐の夜明け』民衆社。
１９８１「ふるさとを守った窪川町民――原発リコール勝利の経過と背景」『前衛』465:114-120。
渡辺斉
１９５８「興津教育の反省」『部落』106:56-59。

あとがき

窪川原発反対運動について調べ始めてから、4年半が経過した。当初は、2011年3月の東京電力の福島第一原子力発電所の事故により、広範囲にわたって放射能汚染が広がるなか、今を生きるための答えを探していた。住民運動に参加した個人が学習し、正しい知識を身につける。それによって力を得た運動が、原発を拒否する。その人びとの学習過程を探り、また反対するに至った想いに耳を傾けながら、如何に今原発や放射能汚染と向き合うべきかを考えようとした。

しかし、それはただ自分の得たかった、そしてどこかで正しいと思い込んでいた答えを、窪川の人びとの語りに当てはめていただけだったのだ、と今は思う。原発反対運動だけが焦点なのではない。それ以前からこの町に生きていた人たちは、さまざまなことを考え、実践し、そして議論を交わしてきた。原発反対運動に参加した人たちがいるのでもない。この町で生きるためにさまざまなことに取り組んできた人たちが、そのさまざまなことの一つとして原発計画に反対したのだ。

窪川に通う。それは島岡家に居候することであった。島岡家の人びとと茶を飲み、飯を食わせてもらい、そしてさまざまな話を聞いた。この町で生きていたさまざまな人びとのことが語られた。その場ですぐに理解できないことも多かった。それが次の探求につながり、町内あちこちへ人に会いに車を走らせ、資料を探し回った。ずっと素通りしているだけの石碑が、突然意味をもち始める瞬間があり、また頭に残った言葉に新しい意味を読み取ることもあった。

集落というものや、政治というもの、そして運動というものに対する、私の既存のものの見方は崩れていった。

原発をめぐる住民投票条例を制定したのが、窪川原発反対運動の要点だった、という「外」の人間として当初考えていた理解から、制定した住民投票条例をあえて使わなかったことにより考えるべき点があるのに気づいた。新潟県巻町（現新潟市）が原発をめぐる住民投票の結果、原発計画を撤回させたことに注目が集まる。しかし、現在原発設置をめぐる住民投票条例が制定された7市町村のうち、実際に条例にもとづく住民投票が行なわれたのは巻町と三重県海山町（現紀北町）のみである。三重県南島町（現南伊勢町）、三重県紀勢町（現大紀町）、宮崎県串間市では住民投票条例が実施されていない。それぞれの地域の事情を十分に検討する必要があるが、その地域の重要事案を多数決で決めることは最善の方法ではなく、あくまで一つの方法にすぎない。現状に対する危機が煽られ、「大胆な改革」と「速やかな決断」が求められる現在、決議を先延ばしにしながら延々ともみ合うことの意味を深めなければならない。

それとともに、運動を担っていた人たちの語りの「余韻」のなかで感知される存在や、その「遍歴」のなかで思想が編まれていく過程こそが重要であることを知った。守田志郎の著書に寄せて、鶴見俊輔は田中正造にふれる。

なぜ田中正造が、明治以後の日本にあって、近代文明批判を生涯にわたってゆずることなくつづけられたのか。その背景には、田中正造がいかなる種類の庄屋であったかという、幕末の経歴とのつながりがあり、そのまたうしろには、日本の村が、どういうものであったかという歴史がある。［鶴見2003］

この本の登場人物一人ひとりに、それ以前の経歴とのつながりがあり、また後ろにはむらが存在している。その雑多な人びとが原発騒動をめぐる歴史過程のなかで交錯し、そして本書が「邑」と呼ぶ関係が生まれた。

対象とする時代が広がり、考えようとする問題領域が広がるなかで、それでも一冊の本をまとめることができた。

それはまた出会った人たちや事物の存在感による。窪川訪問で出会ったすべての人びとに感謝したい。この本では現在の四万十町の様子についてはほとんどふれていないが、この本の先の仕事として取り組みたい。特に、90年代後半以降の農業の再編成や町村合併、そして高齢化が進む四万十町において、今人びとが如何に生きるための方法を編み出しているのかは、次なる関心である。私の窪川もうでは続く。

島岡幹夫さんや和子さん、家族の皆様の存在抜きにこの本は存在しなかった。2011年3月11日という日の夜を、バンコクのホテルで島岡幹夫さんと過ごしたことが、さまざまに揺さぶられるなかで、私に結局一つのことを考え続けさせてくれた。またその後窪川を訪問し、島岡家の家族の方がたと交流することで、今の四万十町を生きるさまざまな人びとの想いと息遣いにふれることができた。私も編集作業に参加させてもらった、島岡幹夫さんの著書『生きる――窪川原発阻止闘争と農の未来』(高知新聞総合印刷)は、是非この本と併読していただきたい。

島岡幹夫さん、亡くなった甲把英一さんの二人が所蔵した反原発運動の資料には、多くを助けられた。ふるさと会事務局次長だった甲把さんの資料に関して閲覧を許してくれた四万十町職員組合の皆さん、およびアトリエ556の山本哲資さんには感謝する。アトリエ556では作業の休憩中に、今の窪川を生きるさまざまな人びとと出会うことができた。とともに、窪川や高知の表現者の存在を知ることができた。そのことによって、地域を見る目がずいぶんと広がった。市川隆子さんには、市川和男さんが編んだ膨大な資料を提供いただいた。市川和男さんが時空庵に所蔵した膨大な資料から、考えなければいけないことがまだまだたくさんある。

本書は2015年度明治学院大学学術振興基金による出版助成を受けたものである。窪川や関連地域の調査のために、JSPS科研費（課題番号25770307）、トヨタ財団、そして明治学院大学国際平和研究所の研究助成をいただいた。また調査訪問に際して、小松光一さん、竹尾茂樹さん、湯浅正恵さん、面川常義さん、柳島かなたさん、林田光弘さん、奥田愛基さん、中田英樹さん、友澤悠季さん、勝俣誠さん、仮屋崎健さん、木下ちがやさん、岡田健一郎さん、寄田勝彦さん、二瓶伸雄さんその他多くの人びとが旅の道連れになり、さまざまな示唆を私に与えてくれた。研究上はこれまで個人作業の多かった私が、専門分野や職能の違う人びとと現場を訪ねることの楽しさを知った。資料調査に当たり、四万十町立図書館、四万十町議会事務局、高知県立図書館、国立国会図書館には大変お世話になった。

この本の出版を持ちかけてくれた農文協の甲斐良治さんには感謝する。守田志郎が原発と対峙したなら、一体どんなことを考えるのだろうかということが、この本のモチーフの一つである。その思索の延長で、「むら」は「邑」に拡張されていった。その着想は、村落について素面でも、飲みながらでも語り続けてくれた甲斐さんや、甲斐さんが担当した雑誌から与えられたものである。

本書の議論の中身については、中田英樹さん、高村竜平さん、原山浩介さん、友澤悠季さん、岩島史さんとの研究会で重ねてきた議論によるところが大きい。特に中田英樹さんとは本書のアイデアについて、北浦和の町の片隅で日々議論を重ねた。中田さんの著書『トウモロコシの先住民とコーヒーの国民――人類学が書きえなかった「未開」社会』（有志舎）は、筆者のパソコンの傍らにあった。世界秩序の再編に揉みくちゃにされながらもどうにか生き延び、より可能性の開かれた生を求める人びとが織り成す地域史を、その分野の学者にだけ通じるような専門用語を乱用することなく、ただひたすら対象に肉薄しながら記述するという執筆姿勢は、中田さんの呼びかけに応えたものだ。小松光一さん、齋藤雅哉さん、鄭栄桓さんは草稿を読み、論点を深める手がかりとなるコメントをくれた。柳島かなたさんには校正のチェックをお願いした。

本書に至る思索には、地元埼玉の障害者運動の尊敬する先輩である山下浩志さん、そして日本ボランティア学会の活動を通じて交わらせていただいた栗原彬さんの存在なしにはあり得ない。山下さんが「しがらみを編みなおす」という言葉で語ったものと、栗原さんが「存在の現れの政治」と呼んだものの延長で、窪川原発反対運動を描いていたのだ、と書き上げた今になって気づく[132]。

筆者と窪川原発反対運動との間接的な関わりは、実はずいぶんとさかのぼる。昭和が終わろうとする頃に、筆者は家族や幼馴染と地元浦和市（現さいたま市）の見沼田んぼの傍らにある畑に通った。畑は、筆者の父の仕事仲間である中本貴之さんの関係で借りたものだった。中本さんは、窪川原発反対運動を取材し続けた雑誌『蒼』の編集長であった。今思えば父や兄が中本さんと畑仕事をし、その傍らで筆者が友人と野原を駆け回っている時代に、窪川原発騒動は終結しようとしていた。子どもの頃に畑に一緒に行ったおんちゃんの通い続けた町というのは、筆者が窪川という町に浅からぬ縁を感じる十分な手がかりとなった。中本さんと耕していた畑は数年で耕せなくなったが、１９９９年に見沼田んぼのほぼ中央部に見沼田んぼ福祉農園が開園した。2011年から毎年の秋に島岡幹夫さんが訪れて、メンバーに農業指導をしてくれている。縁は続く。

本書の執筆にあたり、たびたび窪川に出かけ、家を留守にした。出産直前や直後のタイミングでも快く送り出してくれた妻の早紀には、本当に感謝する。2014年7月に生まれた長女には、この本の大切な言葉である邑（ゆう）と名づけた。邑が成長し、この本を手に取ったときに、彼女は自らの命名の理由を理解するとともに、窪川原発反対運動を闘った人びとの魂の一端にふれる。この本を介して、時代を超えて人びとの想いが交歓されるとしたら、それに勝る幸福はない。

この本冒頭の石牟礼道子の言葉をくりかえそう。

二十世紀なんてのにも
花がありましたっけ
つかの間でしたけれども

本書はその〈つかの間の花〉を描こうと、言葉を綴ってきた。

人生はあまりに短い。一人の人間が生きた記憶はいつしか忘れられる。一人の人間が生きる時間を超えて、後に生きるものたちへ多大な負債を背負わせるものとして原発が存在する。であれば、それに抵抗する運動というものは、死んでいったものたちも、声をもたなかったものたちも、未だ生まれていないものたちも含めたものとして四万十川の流れのように〈蜿蜒（えんえん）〉と存在し続ける必要がある。

運動という言葉を、今考えられているよりももっと息の長い時間のなかで考えること、そしてその〈運動〉の一つとならんとしてこの本書を綴った。それはまた、人びとの意思というものを数の多さで表そうとする議論が煮詰まるよりもはるか前にトップダウンで性急にものを決めようとする、そして議論や熟慮なき選択を強いる現在の〈政治〉状況や、それを許す私たち自身に対して、根源的に批判する方法を探る道でもあった。そうやって日々強まる嵐にしぶとく抗う。

私が出会うことなく亡くなっていったものたち、これから亡くなっていくものたち、その生きた思想を、たとえ断片であれ次に生まれるものたちへ引き渡す。それができていれば、本書はこの邑を構成する一つになっているだろう。

２０１５年10月6日　見沼田んぼの畔のまちで

猪瀬浩平

《注》

(132) 山下浩志さん、栗原彬さんの思想については、それぞれわらじの会編２０１０『地域と障害：しがらみを編みなおす』（現代書館）、栗原彬２００５『「存在の現れ」の政治：水俣病という思想』（以文社）で、その一端にふれることができる。

著者略歴

猪瀬浩平（いのせ・こうへい）

1978年埼玉県浦和市（現さいたま市）生まれ。大阪大学人間科学部卒業後、見沼田んぼ福祉農園の活動に関わり、営農集団「見沼・風の学校」を2002年に結成。2007年に東京大学大学院総合文化研究科博士課程単位取得満期退学。同年明治学院大学専任講師に着任。2010年から同大学准教授。専門は文化人類学、ボランティア学。NPO法人のらんど代表、NPO法人こえとことばとこころの部屋理事、明治学院大学国際平和研究所所員などを務める。

おもな論文は、「見沼田んぼのほとりから：〈東京の果て〉を生きる」2015年、『現代思想』43(4)：228-237
「「放射能が手に届いた気がしたんだ」：原子力災害における〈リアリティ〉の構成をめぐる人類学的考察」2013年、『文化人類学』78(1):81-98　など。

むらと原発

窪川原発計画をもみ消した四万十の人びと

2015年11月15日　第１刷発行

著　者　猪瀬浩平

発行所　一般社団法人　農山漁村文化協会
〒107-8668　東京都港区赤坂７－６－１
電話　03（3585）1141（営業）　03（3585）1145（編集）
FAX　03（3585）3668　　振替00120-3-144478
URL　http://www.ruralnet.or.jp/

ISBN978-4-540-15109-5　　DTP制作／池田編集事務所
〈検印廃止〉　　印刷・製本／凸版印刷（株）

定価はカバーに表示